日本NHK电视台
《完全变成它
喵酱的生物学园》

变成它！

栩栩如生的生物图鉴

日本NHK电视台《完全变成它 喵酱的生物学园》节目制作组 **著**

米 悄 **译**

1 虫子

人民文学出版社

日本 NHK 电视台《完全变成它 喵酱的生物学园》节目制作组

我们正在制作一档环境教育节目，通过变成某种生物，让孩子们感受大自然的魅力与野外活动的乐趣。所谓"变成它"，就是身体力行地模仿生物，以做手工和做实验的方式再现生物的构造，体验生物的视角和行为。通过实地观察生物和"角色扮演"，逐步探明生物能力的秘密和生活形态。

"NHK NARIKIRI ! MUNYAN IKIMONO GAKUEN NARIKIRI IKIMONO ZUKAN 1 MUSHI" by NHK 「NARIKIRI ! MUNYAN IKIMONO GAKUEN」SEISAKUHAN

Copyright © 2019 NHK

All Rights Reserved.

Original Japanese edition published by NHK Publishing, Inc.

This Simplified Chinese Language Edition is published by arrangement with NHK Publishing, Inc. through East West Culture & Media Co., Ltd., Tokyo

图书在版编目（CIP）数据

变成它！栩栩如生的生物图鉴：1-4 / 日本 NHK 电视台《完全变成它 喵酱的生物学园》节目制作组著；米悄译 . -- 北京：人民文学出版社，2024. -- ISBN 978-7-02-018732-4

I. Q-49

中国国家版本馆 CIP 数据核字第 2024PE9681 号

责任编辑	陈 旻			
装帧设计	李思安			
责任印制	苏文强	字 数	80 千字	
		开 本	880 毫米 ×1230 毫米　1/16	
出版发行	人民文学出版社	印 张	10	
社 址	北京市朝内大街 166 号	版 次	2024 年 8 月北京第 1 版	
邮政编码	100705	印 次	2024 年 8 月第 1 次印刷	
印 刷	北京瑞禾彩色印刷有限公司	书 号	978-7-02-018732-4	
经 销	全国新华书店等	定 价	108.00 元（全四册）	

如有印装质量问题，请与本社图书销售中心调换。电话：010-65233595

前　言

"为什么？　为什么？　为什么生物这么神奇？
如果我能变成它，一定快乐无比！
森林和海洋都是我们的舞台！
变啊，变啊，没有什么不可以！"

这是节目片头主题曲的歌词。希望你能哼着这首歌走进田野，在大自然中仔细观察各种生物。歌中更包含了我们的心愿：试着去"变成"那种生物吧，一定会很快乐的！

人在成年以后，往往容易变得墨守成规。但是小孩子却可以自由地展开想象的翅膀，真诚地共情动物和植物的感受。对孩子们来说，那是一种极为真实的体验。

"原来世上还有这样的生命啊。"
"它们也会高兴，也会伤心吗？"

如果你能采用该节目或本书中介绍的"变成它"的方法，站在生物的角度思考各种问题，我们将由衷地感到欣慰。如果班上的同学们能开动脑筋，共同想出属于你们自己的"变成它"的新点子，想必也乐趣无穷。

因为，这正是关心他人、体谅朋友的一种实践啊！

《完全变成它　喵酱的生物学园》
节目制片人　增田顺

目 录

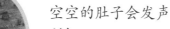

喵酱 生物学园

喵酱们会介绍各种各样的虫子哦!

变成虫子,了解更多知识吧!

学生会长·喵酱

哈拉帕诺老师

本书的使用方法

大自然中的万千生物，各有各的特征。

让我们动动手，通过实验和手工来认识生物的特征吧。

试着扮成某种生物，亲自体验，你会更好地了解它的特征。

介绍某种生物适宜观察的月份
※ 并不是只有在这个月份才能看到它。

了解它的不可思议之处。

知晓它的生存环境。

搜寻生物时的约法三章

● 务必跟大人一同前往。

● 去野外爬山时，要穿长袖衫和长裤，以防蜱螨蚊虫的叮咬，也避免受伤。

● 接触生物前后都要洗干净手，如有必要还需清理口鼻。

● 有些生物带有毒性，一定要先问过大人才能碰触。

介绍变成某种生物的
实验和手工制作的方法！

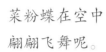

菜粉蝶在空中翩翩飞舞呢。

好开心呀！我也想飞！

这个时候，你就可以利用这本书，试着变成这种生物！

立刻变身菜粉蝶！

菜粉蝶的翅膀好大啊。它们要扇动这么大的翅膀飞行！

实验和手工一个人就能完成，跟班里同学一起做也不错哟！

马上试着变身吧！

4～6月

名称

菜粉蝶

菜粉蝶

黑色的圆点
是它的标志！
喵——

出没于农田等场所，是平时常见的蝶类，翅膀上的黑色斑点是它的显著特征。

食物

幼虫：卷心菜的叶子等

成虫：花蜜等

有什么
不可思议
之处？

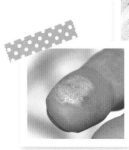

1 以"鳞片"护身！

触摸菜粉蝶的翅膀，手会沾上白色粉末。这叫作"鳞片"。鳞片有防水和调节体温的作用。菜粉蝶怕雨淋，但如果是小雨，鳞片的保护让它能在雨中飞翔。

▲放大的鳞片照片

2 两周就能繁殖后代！

我们经常会看见几只菜粉蝶结伴飞舞。其实，那是很多只雄蝶在跟一只雌蝶套近乎。为了能在两周的成虫生涯中留下后代，雄蝶们追求起雌蝶来也是很卖力气的。

在哪里能见到它？

草地　农田

菜粉蝶会在卷心菜的叶子上产卵。这是因为菜粉蝶的幼虫爱吃卷心菜。

在你家附近
也能见到哦！

菜粉蝶是怎么飞的？

通过扇动四片翅膀，让下方鼓起强风，菜粉蝶得以起飞。菜粉蝶的胸部有强壮的肌肉，它会用肌肉带动翅膀大开大合，腾空飞翔。在一秒钟的时间里它的翅膀可以开合十次以上。

翩翩飞舞，
轻盈曼妙！

试试看

变成**菜粉蝶**！

菜粉蝶会大幅度地摆动翅膀，在身体的前后扇来扇去。
想象自己变成了一只菜粉蝶，扇动起你的"翅膀"吧。

菜粉蝶的翅膀
是它身体宽度
的10倍哦！

身体宽度

用晒衣服的夹子
把衣服的领口和
浴巾夹在一起。

向前扇倒
是没问题！

可是，向后扇
也太难了吧！

所需材料	实验方法
·浴巾 ·晒衣夹	计时，看看手臂前后挥动十次用时几秒。

4～6月

名 称

蜜蜂

西蜂

蜜蜂是尾部带黄色和褐色条纹的蜂类。它会用尾部的针攻击敌人。

蜜蜂最喜欢花蜜啦。

食物

幼虫：花粉团等

成虫：花蜜等

有什么不可思议之处？

人类食用的蜂蜜就是用这种蜜做成的哦！

① 访花多，采蜜勤！

蜜蜂在很多花卉之间飞来绕去，采集花蜜。据说，一只蜜蜂一天能访花1000朵以上。为了给同伴提供食物，它们会将采到的花蜜带回蜂巢。

② 以蜂王为核心的大家族！

蜜蜂以一只蜂王（雌性）为核心，成千上万只工蜂和雄蜂群集在一起共同生活。工蜂全都是雌蜂，负责采集食物，照顾幼虫。

- - - - 在哪里能见到它？ - - - -

森林

城市

西蜂是人类为获取蜂蜜而人工饲养的，在中国几乎没有野生品种。为了采集花蜜，它们会飞到鲜花盛开的森林或城市。

即使发现了蜂巢也不要靠近哦！

如何将花源位置告知同伴？

蜜蜂通过"摇头摆尾"传达信息哦。

回到蜂巢的蜜蜂，会把花源的地点分享给同伴。它们用头的朝向指示花源的方位，用摇摆尾部的时间长短代表到达花源的距离。因为像画圆一样，左、右、左、右来回摇摆，所以也被称为"8字舞"。

变成蜜蜂！

分角色扮演发现花源的蜜蜂和守在蜂巢里的蜜蜂。
想象自己变成了一只蜜蜂，快去寻找花源吧。

所需材料

· 花（或者其他替代品）
· 藏花的箱子

实验方法

❶把花藏进箱子里。
❷藏花的人要将花的位置告知同伴。方法是头朝着有花的箱子，同时摇摆臀部，摇摆的次数相当于走到藏花处的步数。
❸蜂巢里的"蜜蜂"去寻找花源。

发现花源的"蜜蜂"

留在蜂巢里的"蜜蜂"

注意头部的朝向和臀部摇摆的次数哦！

9

5～6 月

名称

鼠妇

鼠妇

鼠妇有十四条腿。喵——

鼠妇属于软甲纲，是虾和蟹的同类。鼠妇受到攻击时会蜷成一团。

食物

落叶、嫩叶等

有什么不可思议之处？

1 蜷成圆球保护自身！

鼠妇的背部覆盖着一层坚硬的甲壳。当遭遇蚂蚁等外敌的攻击时，它为了保护自己柔软的腹部，会蜷缩成圆溜溜的一团。此外，蜷成圆球也有助于自己的身体抵御干燥。

2 边蜕皮边成长！

鼠妇在一生当中会经历大约 7 次蜕皮，在反复的蜕皮中渐渐长大。初生的鼠妇只有大约 1 毫米大小，最后一次蜕皮时，会长到 14 毫米左右。

------- 在哪里能见到它？

公园

森林

它们一般出没于背阴处的石头下面或树根等阴暗潮湿的地方。花盆下面也经常会见到它们。

鼠妇会待在潮乎乎的地方哦。

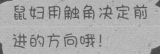

鼠妇是怎样前进的？

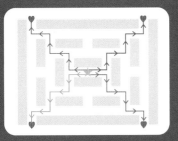

鼠妇用触角决定前进的方向哦！

将鼠妇放进以★为起点，以♥为终点的迷宫中，它会按照"之"字形路线前进，顺利地抵达终点。

鼠妇在向前方行进的时候，会用触角感知障碍物，自主决定前进的方向。

鼠妇遇到阻碍会先向右（左）转，遇到下一个阻碍再向左（右）转，下次再向右（左）转，以此类推，路线曲曲折折。为了免遭敌手，它们从不返回同一个地方。

试试看 变成鼠妇！

快来试一试，看你能不能像鼠妇那样顺利地走出"迷宫"。

所需材料

· 桌子　· 大块桌布

实验方法

❶ 将桌子摆成迷宫阵，蒙上桌布，让实验者看不到前方。桌子和桌子之间留出人可以通过的距离。

❷ 扮作鼠妇的人要让自己的视线低于桌面，一路前行找到出口。

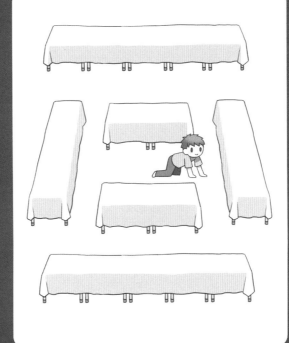

总是朝同一个方向转弯，有时会回到原地的。喵——

7~8月

名称

螳螂

枯叶大刀螳

> 螳螂长着一双大大的眼睛。喵——

螳螂住在草丛里。它会用它的大眼睛发现猎物，用它的大镰刀捕捉猎物。

食物

蜂、蝗虫、蜘蛛、蚯蚓等

有什么不可思议之处？

> 螳螂抓住猎物就不放手！

1 用镰刀牢牢地抓住猎物！

捕猎的时候，螳螂的前足（镰刀）大有用处。镰刀上有一排锯齿。用锯齿可以牢牢地抓住捕获的猎物，不让它逃脱。享用过猎物之后，螳螂会把镰刀仔细清理干净，下次捕猎时还会派上用场。

2 倒挂着也掉不下来！

螳螂会"埋伏"在草尖或叶片的背面等待猎物。它的足端长着钩爪，再加上足末跗节的腹面有一处果冻般的特殊组织，能让它吸附在任何地方，所以即使倒挂也不会掉下来。

足末跗节的腹面

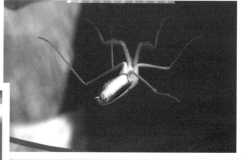

▲玻璃上也贴得住

在哪里能见到它？

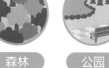

森林　公园

它们出没于山中和森林的草丛里。在高草丛生的公园和房屋较多的地方也能见到它们。

> 试试在叶子上面找找看！

螳螂
镰刀上的锯齿有用吗？

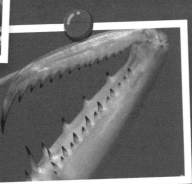

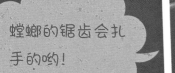
螳螂的锯齿会扎手的哟!

利用前足上的锯齿，螳螂可以牢牢地抓住捕获的猎物，然后再美美地享用。此外，螳螂会收起镰刀脚，静静地蛰伏在草叶上，与周围的草木一起摇曳。有些猎物没注意到螳螂的存在就贸然靠近，会被它用前足迅速抓住，再也无法逃脱。

试试看

变成螳螂!

像螳螂脚一样带锯齿边的"镰刀"，和不带锯齿、表面光滑的"镰刀"，哪一种更容易抓住猎物呢？想象自己变成了一只螳螂，实验一下吧。

所需材料

· 硬纸板
· 毛绒玩偶

准备工作

用硬纸板制作带锯齿的"镰刀"和光滑、不带锯齿的"镰刀"

实验方法

比较一下，哪一种方式抓毛绒玩偶会抓得更牢。

表面光滑、不带锯齿的"镰刀"

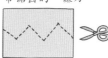
带锯齿的"镰刀"

试着用相同的力度夹住毛绒玩偶，感受一下吧。

7~8 月　独角仙

雌性

独角仙黑黑的，亮亮的！

独角仙

长着漂亮犄角的是雄性独角仙。独角仙经常出没在夜晚的森林中。

食物
麻栎树的树液等

有什么不可思议之处？

树液也会招来蝴蝶和金龟子等昆虫。

1 用长长的犄角抛甩对手！

独角仙最喜欢麻栎等树木分泌的一种叫作"树液"的汁水。但是会分泌树液的树木很少，所以树液周边聚满了争食的对手。独角仙为了享用更多的树液，会用它长长的犄角将对手抛甩出去。

2 能够远远地嗅出树液的气味！

分泌树液的树木是固定的。独角仙用它的触角可以从很远的地方分辨出树液的气味。它张开触角，就算很微弱的气味，也闻得出来源。

▲触角张开的时候

触角

在哪里能见到它？

森林

山区

它们经常在清晨以及傍晚到夜间活动。白天搜寻时，先找到分泌树液的树木，会更容易发现它们。

独角仙在夜里经常出动哦。跟大人一起去看看吧。

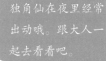

独角仙为什么力气那么大❓

肌肉

独角仙会将自己的犄角伸到对方身体的下面，像托举一样把对方抛甩出去。独角仙在抛甩对手的时候，也会用到肌肉。此外，它的足端生着钩爪，能让它站得稳稳的。所以独角仙的力气非常大。

犄角差不多是身长的一半!

 试试看

变成**独角仙**!

做个独角仙那样的犄角吧。

犄角的长度，是你头部到臀部长度的一半。

你能做出漂亮的"犄角"吗?

所需材料

· 复印纸
· 透明胶带

手工制作方法

❶将复印纸卷成筒。

❷再拿一张复印纸做成犄角尖。

❸把❷接在❶上，总长度大约应是你头部到臀部长度的一半。这样就制作完成啦!

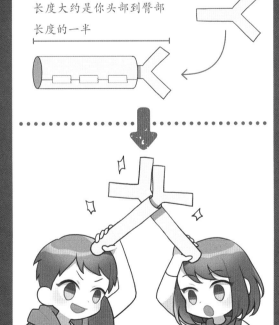

长度大约是你头部到臀部长度的一半

蚊

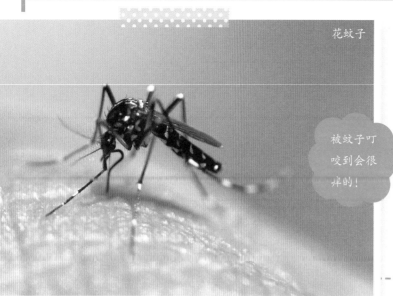

花蚊子

雌蚊为了产卵，会吸食营养丰富的动物的血液。

被蚊子叮咬到会很痒的！

食物

雄蚊：花蜜、果子的汁液等

雌蚊：花蜜、果子的汁液、动物的血液等

有什么不可思议之处？

吸血的只有雌蚊！

❶ 通过汗液、呼吸和体温来发现猎物！

呼吸、汗液的味道

体温

首先，蚊子会从很远的地方感知到动物呼出的气息和汗液的味道。靠近以后，它会凭借动物身体散发出的热量找到目标。为了产卵，只有雌蚊会吸食有营养的血液。

❷ 其实它有六根"针"！

蚊子用于吸食血液和花蜜的口器，是六根功能各不相同的口针。它们位于"喙鞘"里。吸血的时候，一旁的"喙鞘"就会软趴趴地弯着。

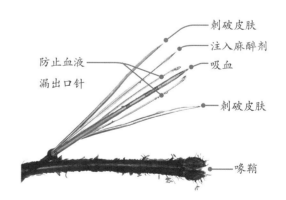

刺破皮肤

注入麻醉剂

吸血

防止血液漏出口针

刺破皮肤

喙鞘

在哪里能见到它？

公园　　庭院

它们在水洼等场所养育幼虫。气温25至30摄氏度时最活跃。

蚊子经常出没于温暖且有水的地方哦。

变成它！实验

蚊子能吸多少血？

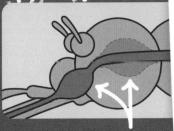

↑↑ 两个吸泵

有的人很容易被蚊子"叮"上哦。

正在吸食血液的蚊子肚子会渐渐膨胀，直到装满为止。大约三分钟的时间，蚊子就能吸食与自身体重等量的血液。之所以能在三分钟内吸到与自己体重相同的血量，是因为在蚊子的头部有两个吸泵。蚊子轮流使用这两个吸泵，咕咚咕咚吸血吸到饱。

试试看 变成**蚊子**！

用与蚊子相同的速度喝运动饮料，你能做到吗？
想象自己变成了蚊子，用运动饮料代替血液，喝喝看吧。

所需材料

· 2-3瓶运动饮料或水
· 吸管
· 秒表

实验方法

使用吸管喝运动饮料，看看在十秒钟的时间里能喝多少！

三分钟相当于18个10秒。蚊子能够长时间持续不停地吸食哦。

⚠ 请注意，一次性大量饮水会造成身体不适。

7～9 月

蝉

油蝉

蝉会发出非常响亮的声音。幼虫时期，蝉栖息在土中，钻出地面就变为成虫。

只有雄蝉才会鸣叫！

食物

树干中的树液等

有什么不可思议之处？

不同种类的蝉，幼虫龄期也会有差别哦！

❶ 在土里蛰伏六年！

油蝉的幼虫要在树根附近的泥土中度过六年左右的时间。然后它们会沿着树体钻出地面，变为成虫。成年的蝉能活十天至两周的时间，根据蝉的种类，有的能活一个月左右。

❷ 蝉鸣的时间段
因种类而各不相同！

不同种类的蝉发出的鸣声不同，鸣叫的时间段也各不相同。熊蝉在上午"哇夏哇夏"地欢噪；油蝉在午后发出"唧——唧哩唧哩唧哩"的脆响；到了傍晚，蟪蝉又开始了"咔呐咔呐咔呐"的鸣唱。

▲熊蝉　　　　▲蟪蝉

在哪里能见到它？

森林

公园

不仅在山中或森林里，而且在树木较多的公园或街边，只要是有树的地方都能见到它们。

根据你听到的，试着写出不同种类的蝉鸣声吧！

蝉如何发出响亮的声音❓

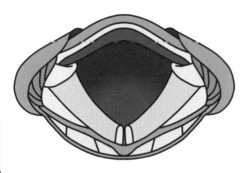

将蝉腹横切后，从上方看到的情形

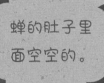

蝉的肚子里面空空的。

只有雄蝉才会为了吸引雌性而鸣叫。仔细观察正在鸣叫的蝉，你会发现它的肚子在颤动。虽说是"鸣叫"，但蝉并不是用嘴发声，而是在腹部制造声音发出鸣响。为了让远处的雌蝉听到，它们的声音非常响亮。

变成蝉！

蝉的腹中空空如也。它们在腹部制造声音，发出洪亮的鸣声。
用纸杯的内部模拟蝉的腹内环境，做个实验吧。

所需材料

· 纸杯
· 橡皮筋

实验方法

❶用你的手指撑开橡皮筋，拉拽它，让它发出声响。

❷在纸杯上剪几处切口，套上橡皮筋。拉拽杯口上的橡皮筋，让它发出声响。

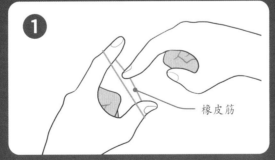

① 橡皮筋

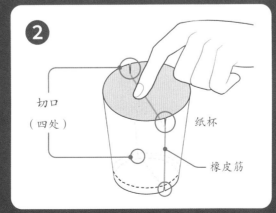

② 切口（四处） 纸杯 橡皮筋

两种方式里，声音的特点和音量的大小会出现不同吗？

9~10月

名称

蚂 蚁

大黑蚁

蚂蚁的种类
有很多哦。

蚂蚁在土中筑巢,和
很多同伴一起过着群
居生活。

食物

弱小的昆虫、植物
的种子、花蜜等

有什么
不可思议
之处?

① 把食物信息分享给同伴!

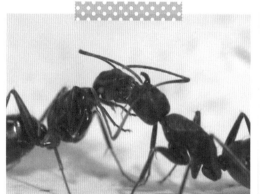

口对口喂食的情景

蚂蚁会把发现的食物塞进腹部。然
后边走边分泌一种叫作"信息素"
的东西,一路留下记号回到巢穴,
再将食物口对口喂给同伴。品尝过
食物味道的同伴会集体出动,追寻
一路上的"信息素"去获取食物。

② 强壮的大力士!

蚂蚁很强壮,能够搬运比自己的身体
还要大的食物。当它们发现比巢穴还
大的食物时,会把食物先分成小块再
搬运。

在哪里能见到它?

平原

草地

蚂蚁栖息在树林和草丛里。

在你家周
围也试着
找找看吧。

为什么蚂蚁能认出同伴？

有的蚂蚁会照顾幼虫呢！

同一个家族的蚂蚁生活在同一个巢穴里。蚂蚁虽然眼睛看不清楚东西，但是住在同一个巢穴内的家族成员气味相同，所以相互之间能认出彼此。如果分属不同的家族，即使是同一种类的蚂蚁之间也会立刻发生争斗。

变成蚂蚁！

同一家族的蚂蚁身上散发着同样的气味。准备一些有味道的卡片，把它们当成蚂蚁。扮作蚂蚁的家族成员，试着嗅出不同的"家族"吧。

所需材料

· 图画纸
· 两种不同味道的牙膏（比如草莓味和薄荷味）

实验方法

❶ 将两种牙膏分别挤在不同的图画纸上，折起图画纸。在内侧写好家族的名字。
❷ 闻味道，区分不同的家族。

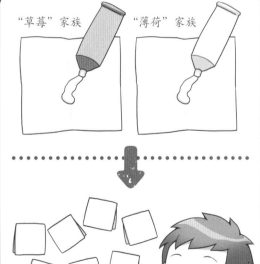

"草莓"家族　　"薄荷"家族

这是来自不同家族的味道呢。

你能通过嗅觉分辨出自己家族的专属气味吗？

蟋蟀

黄脸油葫芦

蟋蟀有着长长的触角，粗壮的后腿很擅长跳跃。雄蟋蟀会发出"哩——哩——"的鸣声。

哇！好凶的脸！

食物
草、小动物的尸骸等

有什么不可思议之处？

◀右翅

左翅▶

① "哩——哩——"
是摩擦翅膀的声音！

蟋蟀通过右翅的锯齿与左翅的隆起部分相互摩擦，发出声响。只有雄性蟋蟀才会在吸引雌性或者与雄性同伴争斗的时候发出声音。

② 逃跑时用粗壮的后腿跳跃！

蟋蟀没有会扑扇的翅膀，所以不像蝴蝶那样可以在空中长时间飞翔。但是它们在刚刚变成成虫时，也可以短距离飞行。再往后就用粗壮的后腿跳跃，能跳得很远。

---- 在哪里能见到它？ ----

水田　草地

它们住在原野、水田、旱田和森林等草丛茂盛的地方。

蟋蟀也会栖息在公园的草丛里哦。

蟋蟀如何感知敌情？

前足上长着鼓膜器哦。

鼓膜器

草丛里的蟋蟀看不到藏身在草梗之间的天敌。不过蟋蟀的腿上长着鼓膜器，能够立刻感知到对方活动时从地面传来的声响，然后迅速逃离。除此之外，蟋蟀的触角和尾须也能感知到空气的流动或敌人的动静。

试试看

变成蟋蟀！

像蟋蟀一样把耳朵贴近地面，或者让耳朵远离地面，哪一种方法能更快觉察到敌情呢？扮作一只蟋蟀，做个实验吧。

扮作蟋蟀天敌

扮作蟋蟀

？

！

哪种方法能更快地觉察到从地板传来的脚步声呢？

在体育馆或者其他铺着地板的场馆内进行实验。扮作蟋蟀的人❶直立，耳朵远离地面；❷把耳朵和脸颊贴在地面上。扮作蟋蟀天敌的人从后面悄悄走近。

11~12月 蓑衣虫

大蓑蛾的成虫（雄性）

大蓑蛾的幼虫

蓑衣虫是蓑蛾的幼虫。它会待在一种类似蓑衣的细长的巢里。蓑衣虫的蓑衣一般挂在树上。

蓑衣虫是会变成飞蛾的！

食物

幼虫：叶子、花等

有什么不可思议之处？

1 防寒御敌保护自身！

蓑衣的外层覆盖着树枝和叶片等，内侧缠裹着棉花似的东西。蓑衣虫会在蓑衣里面躲避冬季的严寒。此外，蓑衣本身不显眼，能骗过掠食者的眼睛。

2 一直住在蓑衣里！

蓑蛾的幼虫期一直在蓑衣中度过。它以植物的叶片为食，只有在进食的时候，才会从蓑衣中探出头来。雄性蓑衣虫会变为成虫，但雌性会在蓑衣中永远以幼虫的形态度过一生。

从蓑衣里探出头来的蓑衣虫

在哪里能见到它？

公园 | 草地

它们通常悬挂在树枝或者房屋的缝隙中，树叶凋落之后更容易寻找。

因为很小，所以要非常非常仔细地寻找哦！

变成它！实验

蓑衣是用什么做的？

蓑衣虫会就地取材制作蓑衣的外壳。因此不同的栖息地，蓑衣的材料也会有差异。

另外，蓑衣里面的棉絮状物质，是蓑衣虫吐出来的丝。这种丝非常结实，轻易不会断。

如果把毛线放在蓑衣虫附近，它能用毛线做蓑衣！

变成**蓑衣虫**！

让自己变成一只蓑衣虫，并把饮料瓶当作蓑衣壳。
试着用彩纸和毛线等东西装饰一下你的"蓑衣外壳"吧。

试试看，想怎么贴就怎么贴！

所需材料

· 空的饮料瓶
· 蓑衣的材料
（彩纸、毛线、塑料绳等）
· 胶水
· 双面胶带

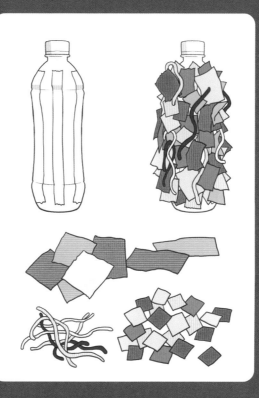

手工制作的方法

❶ 将双面胶带贴在饮料瓶的瓶身上。
❷ 把"蓑衣材料"贴上去。贴满的话用胶水粘。

25

11～12月

瓢 虫

异色瓢虫

瓢虫的翅膀亮闪闪的！

瓢虫是一类呈半球形状的昆虫，有红、橙、黑等颜色，身上还带着各种圆点花纹。

食物

蚜虫等

有什么不可思议之处？

◀过冬时的情景

1 集群过冬！

在冬天很少能看到昆虫，但异色瓢虫却会以成虫的形态过冬。它们会聚集在树缝或落叶下面，一动不动。因为大家聚集在一起，可以保持湿度，也很暖和。

2 "太阳之子"！

很多瓢虫都会爬到草叶的顶端之后再起飞，好像以太阳为目标向上飞翔，因此称瓢虫为"太阳之子"。

▲瓢虫起飞的瞬间

在哪里能见到它？

草地　公园

瓢虫怕热。夏天时，它们通常会在树阴或草地等凉爽的地方活动。

在你家附近也能看见它们哦！

变成它！实验

瓢虫
免遭敌手的妙招是？

黄色汁液
很臭的哦。

黄色的汁液

瓢虫在感觉到危险的时候，会装死，并分泌出一种又臭又苦的黄色汁液。瓢虫身上醒目的花纹，就是提示的标志。即便是捕食昆虫的鸟类，也知道瓢虫的花纹代表着"不好吃"，所以不会攻击它。

试试看

变成瓢虫！

像瓢虫那样，设计一个警示"敌人"的醒目花纹吧。

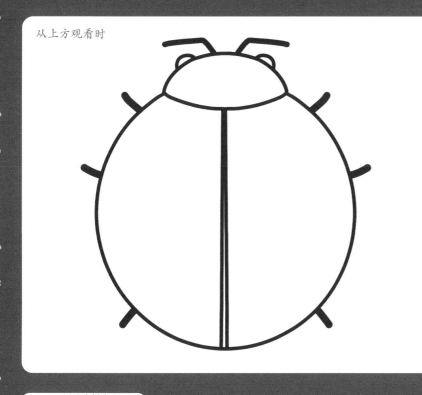

从上方观看时

画个什么样的图案呢？

⚠ 不要直接在书上涂色，请复印之后使用。

所需材料 画有瓢虫轮廓的纸、彩色铅笔等。

生物图鉴

☆ 写出生物的名称。
不明白时查图鉴等资料。

☆ 画出生物的图片。
分别从上方、下方、侧面
进行观察。有几片翅膀、
几条腿，它们是怎样与身
体连接在一起的。这些内
容都是在描述这种生物的
特征哦。

☆ 日期、天气、发现的地点
等因素，也能说明这种生
物的生活习性。

☆ 有关它的外形、颜色和大
小，用文字记录下来会更
清楚明白。为了更加通俗
易懂，可以用一些大家都
熟知的东西来描述。

☆ 记录一下你发现和捕获这
种生物时注意到的事情。

生物卡片

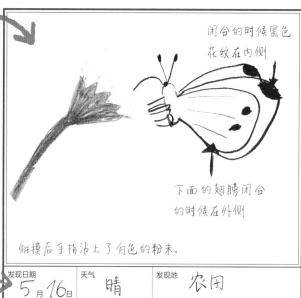

发现 | 菜粉蝶 | ！

2 年级 1 班 10 号 | 姓名 小铃

闭合的时候黑色
花纹在内侧

下面的翅膀闭合
的时候在外侧

触摸后手指沾上了白色的粉末。

发现日期 5月16日	天气 晴	发现地 农田
外形 有四片翅膀。	颜色 翅膀是白色的，上方的边边是黑色的，有点点。	大小 和我的手掌一样大。

注意到的事·感想
飞的时候飘飘忽忽，一会这里一会那里，所以
我没抓到它。

本书的最后有空白
的"生物卡片"哦。

做起来！

把你有关虫子的各种发现记录在生物卡片上，做一套图鉴吧。

把各种虫子的卡片集攒在一起，就能制作生物图鉴了。喵——

发现 鼠妇 ！

2 年级 1 班 16 号	姓名 莉莉

杯杯 在石头的下面。

发现日期	天气	发现地
5 月 16 日	晴	农田
外形 有很多条腿。	颜色 黑乎乎的。	大小和我小手指的指尖差不多。

注意到的事·感想
我在石头下面发现了鼠妇。它们有的缩成圆球，有的爬来爬去。

发现 蚂蚁 ！

2 年级 1 班 35 号	姓名 小田

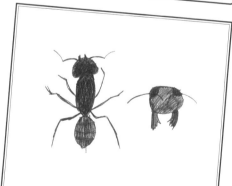

发现日期	天气	发现地
6 月 8 日	阴	教学楼旁边
外形 身体分成三段。	颜色 黑乎乎的。	大小 比我小手指的指甲还要小。

注意到的事·感想
有7只蚂蚁在爬行。我去追，它们钻到巢里去了。

发现 独角仙 ！

2 年级 1 班 8 号	姓名 璐璐

发现日期	天气	发现地
7 月 8 日	阴	麻栎树
外形 有长长的角。	颜色 棕色	大小 和我的食指差不多大。

注意到的事·感想
我想捉住这只独角仙，但是它紧紧抓在树上，怎么也拿不下来。

利用生物图鉴 分享你的发现吧!

利用生物卡片，把你发现的虫子的特征，分享给大家吧。

折页图鉴

既可以像笔记本那样拿来读，展开后也方便大家一起看。

动手做一套折页图鉴吧。

有技巧地排列顺序

例

★ 查图鉴，按类别划分同类。如：蝴蝶的同类、蝗虫的同类等。

★ 根据外观的颜色划分同类。如白色系、褐色系等。

★ 按照昆虫大小排列顺序，从小昆虫到大昆虫。

制作封面
写下标题、目录、自己的名字

将已完成的生物图鉴排列起来
确定粘贴的前后顺序。

凸折
贴在背面

凹折
贴在表面

用透明胶带粘贴
表面和背面按顺序
粘贴比较容易折叠。

制作封底
画个图吧，让它折叠
起来时像一本书。

索 引

（按照拼音排序）

发现 [   ] ！

年级　　班　　号	姓名

发现日期　　　　月　　日 | 天气 | 发现地

| 外形 | 颜色 | 大小 |

注意到的事·感想

这是 .... ❓

这是 .... ❓

这是 .... ❓

这是 .... ？

这是 .... ？

日本**NHK**电视台
《完全变成它
喵酱的生物学园》

变成它！

栩栩如生的生物图鉴

日本NHK电视台《完全变成它 喵酱的生物学园》节目制作组 著

米 悄 译

2 动物

人民文学出版社

日本 NHK 电视台《完全变成它 喵酱的生物学园》节目制作组
我们正在制作一档环境教育节目，通过变成某种生物，让孩子们感受大自然的魅力与野外活动的乐趣。所谓"变成它"，就是身体力行地模仿生物，以做手工和做实验的方式再现生物的构造，体验生物的视角和行为。通过实地观察生物和"角色扮演"，逐步探明生物能力的秘密和生活形态。

"NHK NARIKIRI ! MUNYAN IKIMONO GAKUEN
NARIKIRI IKIMONO ZUKAN 2 DOBUTSU"
by NHK「NARIKIRI ! MUNYAN IKIMONO
GAKUEN」SEISAKUHAN
Copyright © 2019 NHK
All Rights Reserved.
Original Japanese edition published by NHK
Publishing, Inc.
This Simplified Chinese Language Edition is
published by arrangement with NHK Publishing, Inc.
through East West Culture & Media Co., Ltd., Tokyo

图书在版编目（CIP）数据

变成它！栩栩如生的生物图鉴 : 1-4 / 日本 NHK 电
视台《完全变成它 喵酱的生物学园》节目制作组著 ; 米
悄译 . -- 北京 : 人民文学出版社 , 2024. -- ISBN 978-7
-02-018732-4

Ⅰ. Q-49

中国国家版本馆 CIP 数据核字第 2024PE9681 号

责任编辑　陈　旻
装帧设计　李思安
责任印制　苏文强

前　言

"为什么？　为什么？　为什么生物这么神奇？
如果我能变成它，一定快乐无比！
森林和海洋都是我们的舞台！
变啊，变啊，没有什么不可以！"

这是节目片头主题曲的歌词。希望你能哼着这首歌走进田野，在大自然中仔细观察各种生物。歌中更包含了我们的心愿：试着去"变成"那种生物吧，一定会很快乐的！

人在成年以后，往往容易变得墨守成规。但是小孩子却可以自由地展开想象的翅膀，真诚地共情动物和植物的感受。对孩子们来说，那是一种极为真实的体验。

"原来世上还有这样的生命啊。"
"它们也会高兴，也会伤心吗？"

如果你能采用该节目或本书中介绍的"变成它"的方法，站在生物的角度思考各种问题，我们将由衷地感到欣慰。如果班上的同学们能开动脑筋，共同想出属于你们自己的"变成它"的新点子，想必也乐趣无穷。

因为，这正是关心他人、体谅朋友的一种实践啊！

《完全变成它　喵酱的生物学园》
节目制片人　增田顺

目录

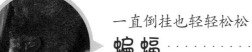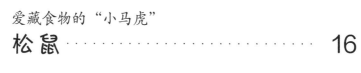

喵酱 生物学园

喵酱们会介绍各种各样的动物哦!

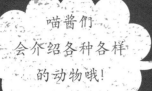

变成动物，了解更多知识吧!

学生会长·喵酱

哈拉帕诺老师

3

本书的使用方法

大自然中的万千生物，各有各的特征。

让我们动动手，通过实验和手工来认识生物的特征吧。

试着扮成某种生物，亲自体验，你会更好地了解它的特征。

介绍某种生物适宜观察的月份
※ 并不是只有在这个月份才能看到它。

了解它的不可思议之处。

知晓它的生存环境。

搜寻生物时的 约法三章

- 务必跟大人一同前往。
- 去野外爬山时，要穿长袖衫和长裤，以防蜱螨蚊虫的叮咬，也避免受伤。
- 接触生物前后都要洗干净手，如有必要还需清理口鼻。
- 有些生物带有毒性，一定要先问过大人才能碰触。

介绍变成某种生物的 实验和手工制作的方法!

兔子跑得可真快!

跑得那么快,肯定很开心!

这个时候,你就可以利用这本书,试着变成这种生物!

立刻变身兔子!

因为兔子是这样跑的,所以才会那么快呀!

实验和手工一个人就能完成,跟班里同学一起做也不错哟!

马上试着变身吧!

4~6月

兔

兔

家兔属于
穴兔类哦。

兔子的特征是长长的耳朵、长在面部两侧的大眼睛和强有力的后腿。

食物

树叶、草叶、根等

有什么不可思议之处?

① 左耳右耳可以分开动!

兔子的天敌有鹰、黄鼠狼、狐狸等。为了能迅速逃脱,兔子的长耳朵会发挥作用。周围有一点点细微的声音,长长的耳朵都捕捉得到。而且,它的左耳和右耳可以分开动,能够从各个方位确认有没有敌害。

▲闭合时

▲张开时

② 用灵活的鼻子探知敌情!

兔子的鼻子总是动来动去。通过翕动鼻子,兔子可以清楚地嗅到敌方的气味。兔子口周的肌肉很发达,能带动鼻子张开闭合。

----- 在哪里能见到它?

平原

山区

它们在晨昏觅食。一般而言,兔子夜间活动更为频繁,白天不常见。

兔子为什么跑得快？

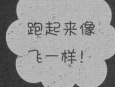

跑起来像飞一样！

兔子在奔跑的时候，长长的、漂亮的后腿会伸到前腿的前方。它的身体像一只弹簧，每一步的跨度都很大，跑起来速度非常快。在逃离敌害时，兔子不仅跑直线，还会突然改变方向，或者猛地刹住脚，想方设法摆脱追击。

变成兔子！

兔子的奔跑方式很像我们玩跳马时的动作。

把你的手当成兔子的前腿，你的腿当成兔子的后腿。

变成一只兔子，玩一玩跳马吧。

腿伸到手的前面去了。喵——

所需材料	实验方法
·跳马台	跳过跳马台的时候，观察自己的手和脚都在什么位置。

⚠ 这个实验一定要和大人一起做哦。

蜗牛

蜗牛有伸缩自如的身体和四根触角。

蜗牛也叫水牛儿哦。

食物
叶芽、茎、落叶、混凝土等

有什么不可思议之处?

① 无处不畅行!

哪怕在一根细细的绳子上,蜗牛都能吊住身体向前爬行。在尖锐的物体上也没问题。蜗牛腹部的肌肉柔软而富有弹性,爬行的时候不断起伏收缩,像涌动的波浪一样,无论在什么样的地方都能前行。

② 弄不脏的蜗牛壳!

蜗牛的外壳上有很细很细的沟槽,即使沾上了脏东西也会被雨水冲掉。因此,蜗牛的外壳总是干干净净的。蜗牛壳会随着蜗牛的成长一起变大。

---- **在哪里能见到它?**

公园　森林

不仅在山野或森林中,在人类居住的地方也有很多蜗牛出现。在背阴的树干、混凝土墙之类的地方找找看吧。

蜗牛待在潮湿的地方哦!

8 ⚠ 根据种类的不同,有的蜗牛身上会携带寄生虫。触摸之后,请一定认真洗手。

蜗牛为什么要吃混凝土？

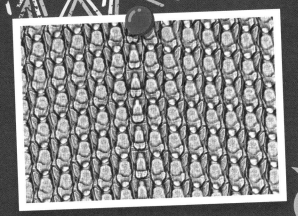

放大之后的蜗牛舌头图片

蜗牛口中有一只像刨丝器一样的舌头，可以把食物磨碎后吃掉。蜗牛也吃少量岩石或混凝土。因为在岩石和混凝土中含有一种叫作钙的营养素，可以让它的壳变得坚固。

蜗牛的舌头就像一个刨丝器！

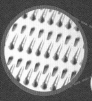
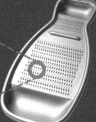

试试看 变成**蜗牛**！

把刨丝器当成蜗牛的舌头，像蜗牛吃东西时那样，试着把食物磨碎。

所需材料

· 刨丝器
· 卷心菜或白萝卜、胡萝卜等蔬菜

实验方法

准备一些蜗牛能吃的蔬菜，用刨丝器磨碎。

蜗牛把食物磨碎了之后再吃。喵——

⚠ 使用刨丝器的时候，注意不要割到手。

5～6月

名称

蝾螈·壁虎

亦腹蝾螈

壁虎

两者外观相似，但蝾螈是与青蛙同类的两栖类动物，壁虎是与蜥蜴同类的爬行类动物。

它俩长得还真像。咕——

食物

蝾螈：昆虫、蚯蚓等
壁虎：昆虫、蜘蛛等

有什么不可思议之处？

蝾螈的皮肤湿漉漉的哦。

1 蝾螈是游泳高手！

蝾螈生活在水边，非常擅长游泳。有时，它们会爬上陆地，但走得不快。不过，蝾螈的身体有毒，红色的肚皮就是在向敌人示警。

2 壁虎是漫步健将！

壁虎住在房子里或房屋附近，能在天花板和墙壁上自由行走。即使是在像玻璃那样光滑的表面上，它也掉不下来。因为，壁虎的足底构造非常特殊，能让它轻松地贴在墙壁上。

壁虎的皮肤干干爽爽哦。

在哪里能见到它？

蝾螈

池塘

壁虎

房屋

蝾螈栖息在水田、池塘等水边或潮湿的树林里。壁虎住在房屋里面的缝隙中。

两者居住的地方各不相同哦！

⚠ 触摸过蝾螈之后，请一定认真洗手。不要用摸过蝾螈的手揉眼睛。

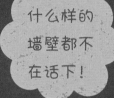

变成它！实验

壁虎是如何贴在墙壁上的？

壁虎的足底

什么样的墙壁都不在话下！

壁虎的足底呈褶皱状。这些褶皱是由很多很多细毛集合在一起构成的。壁虎的脚趾上生有约200万根细毛，每根细毛又有约100～1000根绒毛。这些毛发可以让壁虎像吸盘一样贴在墙上。

试试看

变成壁虎！

把刷子当成壁虎的脚趾，用毛巾当墙壁，试试看壁虎是怎样贴在墙上的。

所需材料

· 带毛圈的旧毛巾

· 不同的刷子（刷毛的根数和粗细各不相同）

实验方法

用不同的刷子分别刮擦毛巾。

用各种不同的刷子试试看。什么样的刷子（脚趾）最容易挂在毛巾（墙壁）上呢？

名 称

6~7月 | 貉

貉

貉白天静静地守在巢里，夜间出来活动。它们以家族为单位生活。

夏天的貉比冬天时的更苗条。喵——

食物

橡子、树果、叶子、昆虫、蚯蚓、老鼠等

有什么不可思议之处？

一动不动的貉。

1 小心谨慎！

貉生性温和且胆子非常小，受到惊吓的时候甚至会蜷伏不动，一直等待敌人离开。

2 和和睦睦的家庭生活！

貉一般以家庭为单位，或公貉与母貉同居，或带着幼貉一起生活。貉一年生育一次，产下6至8只幼崽。貉爸爸和貉妈妈共同养育幼貉。

- - - - 在哪里能见到它？

森林

城市

貉常以其他动物的弃洞、石隙或树洞为巢。近年来由于森林越来越少，因而在城市里也能见到它们。

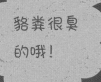

由貉粪知貉食?

同一家族的貉在同一地点排便。由排泄物可以了解貉都吃了些什么食物。有时其他家族也会在同样的地点排便。厕所是一个很重要的场所，因为它能让大家分清势力范围，了解母貉能否生育。

貉粪很臭的哦!

变成貉!

把彩色的橡皮泥和线头等东西当成貉的"食物"。
想象自己变成了貉，把食物混合在一起，做成"貉粪"。
玩一玩猜食物的小游戏吧。

所需材料

· 野草莓➡红色橡皮泥
· 柿子➡橙色橡皮泥
· 玉米➡黄色橡皮泥
· 蝗虫➡绿色线头
· 草➡绿色橡皮泥
· 老鼠➡灰色橡皮泥
· 蚯蚓➡褐色线头
· 树果➡玻璃珠

猜猜看貉都吃了些什么食物?

7～8 月

名称

蝙 蝠

东亚家蝠

蝙蝠在夏夜飞来飞去。它们与人类一样同属哺乳类动物，但可以在天上飞。

蝙蝠的眼睛几乎看不见。

食物

蚊、蛾之类的昆虫

有什么不可思议之处？

❶ 宽大的翅膀，轻飘飘的身体！

▶在蝙蝠骨骼的标本上添画出翅膀后的样子。

蝙蝠两只手上的四根手指伸得很长。它们以手指和手指之间的薄"膜"为翅膀，在空中飞翔。东亚家蝠的骨骼非常细，体重只有5至10克。因为身体很轻，所以能够翩翩飞翔。

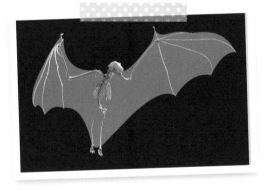

❷ 飞行时会用"超声波"躲过障碍！

蝙蝠会发出"超声波"以代替视力，来确定树木、建筑等障碍物以及猎物的位置。通过感知反射回来的超声波，来计算目标所在的位置，以及与自己之间的距离。这种"超声波"人类是听不到的。

在哪里能见到它？

城市

公园

东亚家蝠会在人类的居所营巢栖息。夜间，它们会捕食聚在光源周围的昆虫。

晚上在街灯附近找找吧！

为什么蝙蝠能保持倒挂？

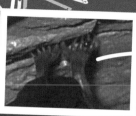

菊头蝠

蝙蝠不飞行的时候，会大头朝下倒挂在洞穴或建筑物的顶部。蝙蝠因为腿部肌肉很不发达，所以不能头朝上站立。蝙蝠足尖的构造方便它抓住东西。

> 蝙蝠睡觉的时候也是大头朝下的哦！

试试看

变成**蝙蝠**！

变成蝙蝠，尝试大头朝下倒挂在单杠上。
长时间倒挂会感觉腿疼，所以不能坚持太久。

> 血液集中在头部很危险，所以简短地尝试一下"变身"就可以啦。

⚠ 这个实验一定要跟大人一起做哦。

7~8月 | 名称 松鼠

花栗鼠

松鼠长着一条毛茸茸的长尾巴。

松鼠的尾巴几乎跟身体一样长！

食物

树果、树芽、叶子、蘑菇等

有什么不可思议之处？

花栗鼠会把食物存放在颊囊里面！

① 会储存食物！

松鼠以橡果之类的树果、树芽、叶子和蘑菇等为食。冬季食物匮乏，松鼠和它的同伴们会在冬季到来之前，储存大量食物。而花栗鼠则会吃得饱饱的，然后进入冬眠状态。

② 擅长在树枝间跳跃！

松鼠很擅长爬树。跳跃的时候，长长的尾巴可以很好地调节身体的平衡。

松鼠

在哪里能见到它？

森林

松鼠栖息在杂木林中。

松鼠冬天吃什么？

松鼠冬天也充满了活力！

从夏到秋，松鼠会把冬天要吃的树果藏在土里。到了冬天，再把藏好的树果挖出来吃掉。然而，它们只记得藏东西的大致位置。在那些被松鼠遗忘了的树果埋藏地，会长出新芽。

变成松鼠！

扮成一只松鼠，把小球当成橡果藏起来。
一个小时以后，回忆自己藏东西的位置，把它们找出来吧。

所需材料

· 10 个小球

实验方法

把小球分别藏在 10 个地方。一小时之后再去藏球处寻找小球。

你能想起自己把东西藏在哪里了吗？

7～9月 猫头鹰

猫头鹰

猫头鹰是一种鸟类，脸部正面长着大大的圆眼睛。夜里十分活跃。

猫头鹰长着大大的眼睛！

食物

蛙、老鼠、鼹鼠、鱼等

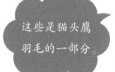

有什么不可思议之处？

这些是猫头鹰羽毛的一部分。

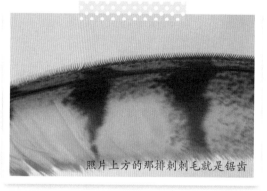

照片上方的那排刺刺毛就是锯齿

❶ 悄无声息地接近猎物！

很多猫头鹰的羽毛上都带有锯齿形边缘。因为有这种锯齿，猫头鹰几乎可以静音飞行。所以，它能神不知鬼不觉地从后方接近猎物。

❷ 颈部能转动270度！

鸟类的颈部有很多块骨骼，有的鸟头部能转动超过180度。其中猫头鹰的脖子左右各能转动270度。因为它们视野广阔，所以能立刻发现猎物。

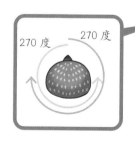

270度 270度

毛腿渔鸮

--- 在哪里能见到它？ ---

森林

中国现分布有猫头鹰32种。

寻找野生的猫头鹰是一项很艰巨的任务。

猫头鹰的耳朵在哪里？

猫头鹰

猫头鹰的耳朵长在脸的正面哦！

猫头鹰的耳朵长在眼睛旁边，因为有羽毛遮挡，所以看不见。猫头鹰平坦的面部会聚拢声音，传给耳朵。因此，即使是老鼠等猎物发出的非常轻微的脚步声，猫头鹰也听得清清楚楚。它会利用长在正脸上的耳朵和大大的眼睛发现猎物。

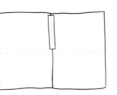
试试看

变成猫头鹰！

像猫头鹰那样，在脸的周边打造一堵"墙"。亲身体验一下猫头鹰是如何听到声音的。

所需材料

· 两张大号图画纸
· 透明胶带

实验方法

❶ 用图画纸做出猫头鹰的脸，安在自己脸上。不扮猫头鹰的人也并排站在旁边。
❷ 请其他小朋友站在稍远些的地方小声说话。
❸ 看看谁能先听到远处的声音。

制作方法

将两张纸拼在一起，并把透明胶带贴到中间大约一半的位置

实验方法

用纸张让你的脸周变宽变大，就变成猫头鹰的样子啦。

鸽子

山斑鸠

在公园和城市街头常见到鸽子。树林里常见山鸽子（山斑鸠），在公园里常见到的是原鸽。

食物

麦粒、米粒、植物的种子、面包等

有什么不可思议之处?

① 凭太阳知道自己身在何处!

鸽子即使身处完全陌生的地方，也能回到自己的巢。据说它从1000公里开外的地方都能找回家。因为鸽子会以太阳的朝向和高度为标记，判断自己身在何处。

原鸽

② 超强的记忆力!

据研究，鸽子会牢牢地记住自己从空中看到过的景象。所以不管到了哪里，几乎都能准确地飞回到自己的鸽巢。

鸽巢

在哪里能见到它?

树林 公园

山鸽子在树林和公园的树上筑巢，原鸽在房屋或桥梁等建筑物上筑巢。

鸽子会选择栖息在树多的地方哦!

鸽子走路时为什么探头探脑？

每走一步脖颈都在动！

鸽子走路的时候先向前探头，随后在头部保持静止的状态下，身体再向前进。这种方式可以减轻头部随身体移动时的晃动，从而很好地保证鸽子视野的稳定性和清晰度，不放过周围环境的每一"帧"。

变成鸽子！

为了模拟鸽眼一般不转动的特点，试试用保鲜膜的筒芯挡住眼周，缩小可视范围。扮作一只鸽子，每走一步停一下，你能看到什么样的景物呢？

所需材料

· 写着字的纸
· 保鲜膜的筒芯

实验方法

❶头随身体正常移动
脸朝向贴着纸的墙壁，一边走路，一边透过筒芯看向墙上的字。

❷像鸽子一样走路
和❶一样面朝墙壁的方向。走一步停一下，走一步停一下，重复这个动作。

鸽子咕咕

走路的时候请其他人扶着你吧。哪一种能看清墙上的文字呢？

9~11月

名称

野猪

野猪

野猪长了个大脑袋，臀部却比较小。雄性野猪生有大大的獠牙。

野猪虽然看上去很厉害的样子，其实胆子很小呢

食物

橡果、竹笋、叶子、蛇、蛙等

有什么不可思议之处?

❶ 体格壮实!

野猪的毛发非常坚硬，走在荆棘丛中也不会划伤身体。此外，由于颈部肌肉和鼻骨特别结实，重达50公斤的物体，它都能用鼻子移动。

❷ 跑得飞快!

野猪虽然体型庞大，奔跑起来时速却能达到几十公里。这个速度比奥运会的百米冠军还要快。而且野猪转弯也转得很漂亮。

野猪

在哪里能见到它?

野猪栖息在山区和森林中。

老年公猪常离群独自生活!

山区　森林

野猪的鼻子有什么厉害之处？

野猪会把它平平的鼻头贴在地面上，嗅出泥土中食物的气味。这只厉害的鼻子还能像铁锹一样挖土。一边挖一边闻，找出食物。

野猪的鼻头滑溜溜的，很柔软哦。

试试看 变成**野猪**！

把面粉当泥土，把软糖当成野猪的食物。
像野猪觅食那样，试着利用你的鼻子，在面粉里找出软糖吧。

所需材料

· 纸杯　　· 纱布
· 橡皮筋　· 面粉
· 软糖　　· 托盘

实验方法

❶切掉纸杯的杯底，蒙上纱布，做成野猪的鼻子。
❷把软糖藏在托盘里的面粉中。
❸不用手，只用鼻子翻一翻闻一闻，找出软糖。一分钟的时间里你能找到几颗糖呢？

制作方法

切掉杯底 → 纱布　橡皮筋

实验方法

把软糖埋在面粉里隐藏起来。

将面粉分区，猜猜软糖藏在哪里。

千万注意不要吸入面粉哦！

⚠ 这个实验一定要跟大人一起做哦。

11～12月　猕猴

猕猴

据说会泡澡的猴子在世界上都很罕见呢！

猕猴集群而居，用四足行走。

食物

水果、树果、蘑菇、昆虫等

有什么不可思议之处？

❶ 手指能捉住细小的东西！

猕猴的手指构造跟人类相似。所以，即使是很细小的东西，它们也能用拇指和食指捏住。它们还会用灵巧的手指梳理毛发。

❷ 以猴王为首结成群体！

猕猴过群居生活。以雄猴为首领，20 至 100 只猴子组成一个猴群。群体成员共同保护和养育幼猴。

在哪里能见到它？

猕猴栖息在山中的树林里，白天活动。

动物园里更方便观察哦！

 山区　 树林

猕猴为什么要梳毛？

 梳毛手法笨拙的猕猴，会把皮都揪起来呢。

像亲子这种关系紧密的猕猴同伴之间，会互相为对方梳理毛发上的寄生虫卵。想要建立伙伴关系也需要如此。当然，谁都不是天生的捉虱能手。等到手法熟练之后，猕猴会利用指尖快速地摘除虱子卵。

试试看 变成**猕猴**！

把小串珠当成黏附在毛根部的虱子卵。像猕猴那样，试着利用你的指尖把它们摘掉吧。

所需材料

· 毛毡　　· 线
· 带孔的小串珠

实验方法

把毛毡当成皮肤，线当成猴子的毛发，小串珠当虱子卵，制作猴子的毛皮。多做几块比一比，看谁能最快地把小串珠（虱子卵）摘掉。

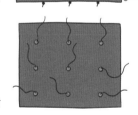

制作方法

模拟猴子的毛皮

从侧面看时

线
小串珠
毛毡

从上方看时

实验

你能顺利地把小串珠（虱子卵）摘掉吗？

11~12月 | 鹿

鹿

雄鹿的特角可真漂亮。

鹿长有漂亮的特角，只有一部分鹿长有白色的臀部。它们奔跑起来好像在跳跃。

食物

草、树叶、树果、树皮等

有什么不可思议之处？

1 每年都会长出新的鹿角！

一般只有雄鹿才长特角。每年三月份左右，鹿角会"啪嗒"一下脱落，再长出新的特角来。到了秋天，鹿角就会长得比断掉的那副还要大。雄鹿的特角越大越受雌鹿的欢迎。

生出新鹿角的鹿。

2 什么都吃不挑食！

到了冬天，软嫩的叶片和有营养的树果都没有了。这时，鹿就会啃树皮，吃树芽，嚼枯叶。为度过严冬，它们什么都吃，一点都不挑食。

鹿

在哪里能见到它？

森林 草原

通常在森林里能见到鹿，但它们也会在人类居住的地方现身。不同的鹿活动时间差异比较大，在日间、夜间和晨昏时分都可以看到它们。

臀部的白毛有什么用处？

有的品种的鹿臀部长有一片白色的毛，在感知到危险的时候，会倒竖着蓬起。它们这是在用醒目的白毛将危险通知给周围的同伴。在逃离掠食者的追击时，鹿群中的鹿都会各自竖起臀部的毛发，一边示警一边飞也似的奔跑。

> 鹿能越过两米的高度哦。

变成鹿！

扮成鹿，和伙伴们一起玩"鬼捉人"的游戏吧。用塑料绳模拟鹿臀上的毛发，一边观察周围小伙伴的臀部状况一边逃跑。请当"鬼"的人扮成鹿的天敌——狼。

> 模拟白色毛发的那团毛茸茸的东西，真的很醒目呢！

制作方法

用透明胶带固定塑料绳。

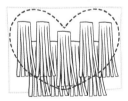

把图画纸裁成心形。　将塑料绳撕成细条。

实验

扮作鹿

扮作鹿

扮作鹿

扮作狼

所需材料

- 图画纸
- 白色的塑料绳
- 透明胶带

实验方法

❶制作鹿臀

把塑料绳用透明胶带贴在裁剪成心形的图画纸上。把塑料绳撕细，让它变得蓬松起来。

❷玩"鬼捉人"游戏

扮鹿的人把❶按在屁股上逃跑，注意要让同样扮鹿的小伙伴看到这团毛茸茸的东西哦。

生物图鉴

⭐ 写出生物的名称。
不明白时查图鉴等资料。

⭐ 画出生物的图。
分别从上方、下方、侧面进行观察。耳朵的形状、眼睛的位置、居住的场所等内容，都是在描述这种生物的特征哦。

⭐ 日期、天气、发现的地点等因素，也能说明这种生物的生活习性。

⭐ 有关它的外形、颜色和大小，用文字记录下来会更清楚明白。为了更加通俗易懂，可以用一些大家都熟知的东西来描述。

⭐ 记录一下你发现和捕获这种生物时注意到的事情。

生物卡片

发现 [兔子] ！

2 年级 2 班 1 号	姓名 美美

发现日期	天气	发现地
5 月 17 日	阴	兔舍

外形	颜色	大小
耳朵长。	白	比我家的猫小。

注意到的事·感想
牛奶（兔子的名字）白天特别乖。
耳朵动来动去。

本书的最后有空白的"生物卡片"哦。

做起来！

把你有关动物的各种发现记录在生物卡片上，做一套图鉴吧。

把各种动物的卡片集攒在一起，就能制作生物图鉴了。喵——

发现 蜗牛 ！

2年级 2班 14号 姓名 莲莲

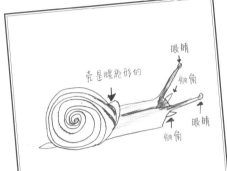

发现日期	天气	发现地
6月2日	阴	农田

外形	颜色	大小
壳一圈一圈地卷着，身体伸出来时很长。	外壳是褐色，带黑纹。	比橡皮大。

注意到的事·感想
发现的时候它正在叶子的背面。当时我想：蜗牛在什么样的地方都能走路，真厉害。

发现 壁虎 ！

2年级 2班 34号 姓名 小空

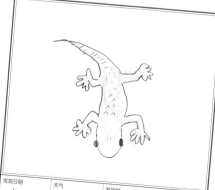

发现日期	天气	发现地
6月21日	阴	体育馆的墙上

外形	颜色	大小
前后脚趾数量一致。	灰白	比张开的手还要大。

注意到的事·感想
我发现它正趴在墙壁上。偶尔舔舔眼睛。

发现 貉 ！

2年级 2班 33号 姓名 小山

发现日期	天气	发现地
5月30日	晴	动物园

外形	颜色	大小
不太胖。	眼睛下面黑乎乎的。	和狗差不多大。

注意到的事·感想
比动画片里见到的要瘦，看上去很敏捷。询问了工作人员才知道，那是因为它身上是夏天的毛。

利用生物图鉴
分享你的发现吧！

利用生物卡片，把你发现的动物的特征，分享给大家吧。

动物知识问答

参考写好的生物卡片，认真查询图鉴资料，
结合动物的特征做一套知识问答题吧。

例 有技巧地设计答案

★准备正确答案和错误答案。

引导答题者从中选出正确答案，同时也让不熟悉动物的人容易作答。

★问题有难度时，给一些小提示，启发答题者的思维。

动物知识问答题（兔）

Q 兔子的耳朵为什么那么长？

①为了后背痒的时候可以抓痒。
②为了能听到很小的声音。
③为了有朝一日能飞上天。

动物知识问答题（蜗牛）

Q 哪个是蜗牛的眼睛？

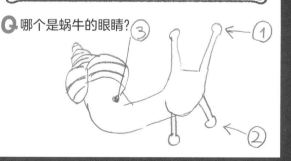

蝾螈和壁虎 分辨题

（答案不是蝾螈就是壁虎哦。）

Q ①皮肤湿湿的是？
Q ②趴在家里墙壁上的是？
Q ③前足有五根脚趾的是？
Q ④前足的足底带吸盘状物的是？

动物知识问答题（鸽子）

Q 下面是《鸽子咕咕》的歌词。空格里应该填？

♪咕咕咕 鸽子咕咕
想要○○吗？那就给你吧
大家和和气气一起来吃吧

①食饵 ②清水 ③豆子

问答题的答案 兔…② 蜗牛…① 蝾螈和壁虎…①蝾螈②壁虎③壁虎④壁虎 鸽子…③

索 引

（按照拼音排序）

发现 [ ] !

年级 班 号	姓名

发现日期
　　月　　日

天气

发现地

外形	颜色	大小

注意到的事・感想

这是 ....?

这是 ....?

这是 .... ?

这是 .... ?

日本NHK电视台
《完全变成它
喵酱的生物学园》

变成它！

栩栩如生的生物图鉴

日本NHK电视台《完全变成它 喵酱的生物学园》节目制作组 **著**

米 悄 **译**

③ 水边生物

人民文学出版社

日本 NHK 电视台《完全变成它 喵酱的生物学园》节目制作组

我们正在制作一档环境教育节目，通过变成某种生物，让孩子们感受大自然的魅力与野外活动的乐趣。所谓"变成它"，就是身体力行地模仿生物，以做手工和做实验的方式再现生物的构造，体验生物的视角和行为。通过实地观察生物和"角色扮演"，逐步探明生物能力的秘密和生活形态。

"NHK NARIKIRI ! MUNYAN IKIMONO GAKUEN
NARIKIRI IKIMONO ZUKAN 3 MIZUBE NO
IKIMONO" by NHK「NARIKIRI ! MUNYAN
IKIMONO GAKUEN」SEISAKUHAN
Copyright © 2019 NHK
All Rights Reserved.
Original Japanese edition published by NHK
Publishing, Inc.
This Simplified Chinese Language Edition is
published by arrangement with NHK Publishing, Inc.
through East West Culture & Media Co., Ltd., Tokyo

图书在版编目（CIP）数据

变成它！栩栩如生的生物图鉴：1-4 / 日本 NHK 电视台《完全变成它 喵酱的生物学园》节目制作组著；米悄译 . -- 北京：人民文学出版社，2024. -- ISBN 978-7-02-018732-4

Ⅰ. Q-49

中国国家版本馆 CIP 数据核字第 2024PE9681 号

责任编辑　陈　旻
装帧设计　李思安
责任印制　苏文强

前　言

"为什么？ 为什么？ 为什么生物这么神奇？

如果我能变成它，一定快乐无比！

森林和海洋都是我们的舞台！

变啊，变啊，没有什么不可以！"

这是节目片头主题曲的歌词。希望你能哼着这首歌走进田野，在大自然中仔细观察各种生物。歌中更包含了我们的心愿：试着去"变成"那种生物吧，一定会很快乐的！

人在成年以后，往往容易变得墨守成规。但是小孩子却可以自由地展开想象的翅膀，真诚地共情动物和植物的感受。对孩子们来说，那是一种极为真实的体验。

"原来世上还有这样的生命啊。"

"它们也会高兴，也会伤心吗？"

如果你能采用该节目或本书中介绍的"变成它"的方法，站在生物的角度思考各种问题，我们将由衷地感到欣慰。如果班上的同学们能开动脑筋，共同想出属于你们自己的"变成它"的新点子，想必也乐趣无穷。

因为，这正是关心他人、体谅朋友的一种实践啊！

《完全变成它 喵酱的生物学园》

节目制片人　增田顺

目　录

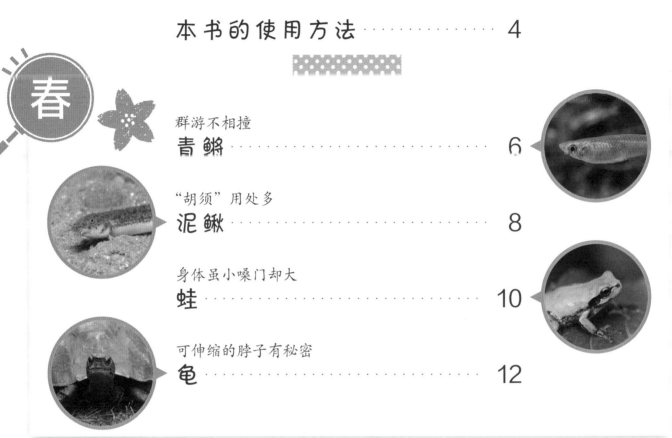

喵酱 生物学园

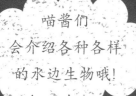
喵酱们会介绍各种各样的水边生物哦!

变成水边生物了解更多知识吧!

学生会长·喵酱　　　　哈拉帕诺老师

本书的使用方法

大自然中的万千生物，各有各的特征。

让我们动动手，通过实验和手工来认识生物的特征吧。

试着扮成某种生物，亲自体验，你会更好地了解它的特征。

介绍某种生物适宜观察的月份

※ 并不是只有在这个月份才能看到它。

了解它的不可思议之处。

知晓它的生存环境。

搜寻生物时的 约法三章

●务必跟大人一同前往。

●去河边、池塘、海滨时，要穿长袖衫、长裤和长靴，以防蚊虫的叮咬，也避免受伤。

●下水时要穿救生衣。

●接触生物前后都要洗干净手，如有必要还需清理口鼻。

●有些生物带有毒性，一定要先问过大人才能碰触。

介绍变成某种生物的
实验和手工制作的方法！

青鳉成群结队地在水中游。

那么多青鳉一起游，都没有撞到一起。它们是怎么做到的呢？

这个时候，你就可以利用这本书，试着变成这种生物！

立刻变身青鳉！

青鳉真的很擅长群游啊。

实验和手工一个人就能完成，跟班里同学一起做也不错哟！

马上试着变身吧！

青鳉

青鳉

青鳉有大大的眼睛。喵——

青鳉集群生活在河流或池塘里。有很多改良品种。

食物

浮游生物、落在水面的昆虫等

有什么不可思议之处？

❶ 全方位视角！

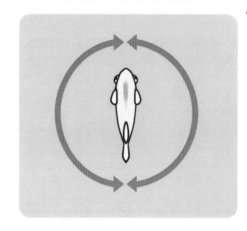

跟人类不同，青鳉的眼睛长在两侧，可将四周的景物尽收眼底。不仅能看到前方和旁边的景物，它们甚至能看到自己后方的情形，所以很容易发现敌害。

❷ 配合周围变色！

青鳉会配合周围环境的颜色改变自己身体的颜色。如果周围是黑色的，它自己也会变成黑色。这样一来，敌人就很难发现它的存在。

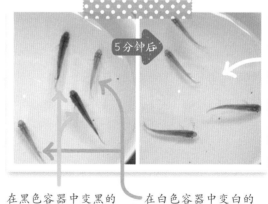

5分钟后

放入白色容器里五分钟以后，变成与周围一样的颜色了！

在黑色容器中变黑的青鳉　　在白色容器中变白的青鳉

在哪里能见到它？

河流

池塘

它们通常栖息在流速缓慢、生有水草的小河中。白天经常在浅水处觅食。

野生的青鳉数量越来越少了哟！

变成它！实验

为什么青鳉群游却不会相撞呢？

这么多青鳉却互不相撞！

青鳉会群集在一起御敌防身。它会用眼睛确认其他的同伴位置以及周围的景物，所以即使群游，也不会发生相撞事故。此外，青鳉的头部和眼周可以感知到水流，也能帮助它们在游动时不相撞。

试试看 变成青鳉！

试着像青鳉那样绕着圈跑吧，尽量做到既不相撞，也不会把卫生纸弄断。

距离太远卫生纸会破的哟！

所需材料	实验方法
·卫生纸 ·双头夹子	用双头夹子将衣服和卫生纸连在一起，大家同时跑动起来。

4~6月 | 泥鳅

泥鳅

泥鳅在河川和水田里游来游去。它的特征是长有须。

食物

水蚤、水蚯蚓、水草芽、水里的昆虫等

> 泥鳅的须乱蓬蓬的!

有什么不可思议之处?

> 全身都黏乎乎滑溜溜的!

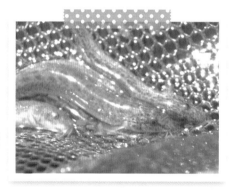

① 又黏又滑是它的护身法宝!

泥鳅的身体表面又黏又滑。为了抵御炎热、寒冷、干燥或疾病,它用这种黏液包裹住全身。

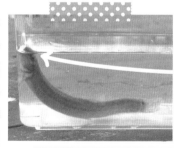

把头探出水面吸入空气

② 会用肠呼吸!

当水中的氧气稀薄时,泥鳅就会用肠呼吸。它会把头伸出水面吸入空气再回到水里,再把废气从肛门那里排出去。

把废气从肛门排出去

在哪里能见到它?

水田 | 河流

它们栖息在水田和小河中。

> 泥鳅会待在水底哟!

泥鳅的须有什么作用？

泥鳅用须也能挖沙子！

泥鳅会将自己的须扎到水底的沙子或泥里，找出下面的食物。泥鳅的须上聚集着名叫"味蕾"的组织。味蕾也是人类舌头上的一种味觉感受器，能尝出味道。

 试试看

变成**泥鳅**！

把吸管当成泥鳅的须，用它来闻闻味道，猜一猜是什么饮料。

所需材料

· 两根长吸管
· 橙汁、黄瓜汁等
· 遮挡饮料的箱子

实验方法

用吸管模拟泥鳅须闻闻味道，说出饮料的名称之后再喝喝看。

黄瓜汁　　　橙汁

不要一开始就喝，试着先用吸管闻闻味道哦！

5～6月

名称

蛙

东北雨蛙

在水田之类的地方经常能见到蛙。一到夏天，它们就会扯开嗓门高声鸣唱。

蛙平时就栖息在草木上面哦！

食物

小昆虫、蜘蛛等

有什么不可思议之处？

1 身体会变色！

东北雨蛙有时会配合周围环境的颜色而改变自己身体的颜色。在长满绿叶的地方时会变成绿色；蹲在褐色的泥土上时会变成灰色。与周边的颜色相似，可以让它们不易被敌害发现。

2 哪里都能攀爬！

东北雨蛙的指尖上有圆圆的吸盘，能粘在任何地方。即使在窗玻璃上蛙也能轻松攀爬。它们爬到草梗和树上躲避鸟类和蛇类掠食者，以保护自身。

庭院里也有哦！到草丛里找找看吧。

在哪里能见到它？

水田　　公园

它们会在水田和小河中产卵，所以在有水的地方很容易发现它们。在有池塘的公园里也能见到。

⚠ 触摸蛙类的时候戴上手套吧。

变成它！实验

蛙的嗓门为什么那么大？

东北雨蛙

黑斑蛙

一只蛙鸣，会引来众蛙齐鸣，变成大合唱哦！

雄蛙的嗓门越大，越受雌蛙的欢迎。蛙生有一种口袋状的器官，叫作"声囊"。它们鼓起声囊，发出响亮的鸣唱。东北雨蛙的声囊位于脸部下方，黑斑蛙的声囊生在脸侧。

变成蛙！

你能发出蛙鸣般的声音吗？试着用贝壳做个实验吧。
然后，试着不借助任何工具，模仿雨蛙的叫声。

所需材料

· 两枚表面有沟槽的贝壳

赤贝

实验方法

让两枚贝壳的沟槽部分互相摩擦，尝试使它发出蛙鸣般的声音。

据说如果你模仿得很像真正的蛙鸣，有时还会得到回应呢！

观 察 期

名称

5～6月

龟

水龟

龟与鳄鱼和蜥蜴一样，同属爬行类，它的头部和手脚都能藏进坚硬的甲壳里。

龟什么都吃哦！

食物

小鱼、螯虾、水中的昆虫、水草等

有什么不可思议之处？

① 坚硬的龟甲！

龟的甲壳是皮肤和骨骼变化而成的。因为龟的脊椎埋在甲壳里，所以龟甲是取不下来的。坚硬的甲壳可以保护自身免受外敌的伤害。

② 不同的种类栖息在不同的地方！

龟的种类繁多。水龟栖息在水边，有时到陆地上晒晒太阳，有时在水中捕食。海龟类生活在海洋里，而陆龟类则会在陆地上度过一生。

▲陆龟类

海龟类

在哪里能见到它？

水田　　池塘

龟的数量近年来有所减少。作为宠物养殖的巴西龟是外来物种。

龟喜欢晒太阳，所以也别忘了去石头上面看一眼哦。

12　※ 所谓外来物种，是指某种被人为地从原来的栖息地带到其他地方，并在新的地方生息繁衍的生物。

变成它！实验

为什么龟的脖子要缩起来？

为了躲避敌害保护自身，很多龟都会把脖子缩进甲壳里。龟的颈部与长在甲壳内侧的脊椎的前端相连。龟会将八块颈骨弯成"S"形，缩进甲壳中。

龟的脖子很长哦！

变成龟！

龟甲内部到底是什么样子的？为什么龟的脖子都缩得进去呢？用纸盘当甲壳，做个龟的模型吧。

从侧面看龟

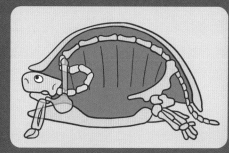

所需材料

· 透明胶带　· 颜料

· 颈部：细吸管、钓鱼线、橡皮泥　　· 甲壳：两只纸盘

制作方法	实验方法
从上方看时	从侧面看时

充当龟甲的纸盘

用橡皮泥做出龟脸。

把头缩进去之后：

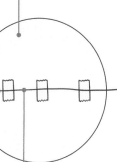

将吸管切成8段，用钓鱼线串起。

充当背骨的钓鱼线

弯曲的颈部

颈部做好之后，为"龟甲"的表面涂上颜色吧！

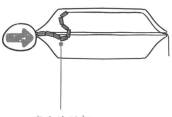

13

观察期

名称

7~8月 | 水黾

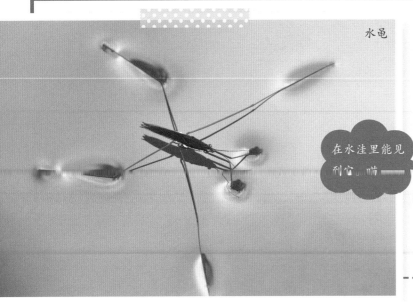

水黾

水黾的身体和腿又细又长。这种昆虫可以在水面上滑行前进。

在水洼里能见到它哦。

食物

落在水面上的昆虫、浮游生物、死鱼等

有什么不可思议之处？

1 用针一样的口器吮吸猎物的体液!

▶水黾落在蜻蜓身上。

水黾是肉食性昆虫,以落在水面上的昆虫为猎物。享用猎物时,它会把像针一般的细长口器扎进猎物的身体,将肉融化掉,像喝饮料那样吸食。

2 没有猎物就飞走!

水黾栖息在水洼里,但是猎物和水一旦消失,它们就会飞走,去寻找其他的水洼。水黾会把腿伸直,用四枚翅膀飞行。

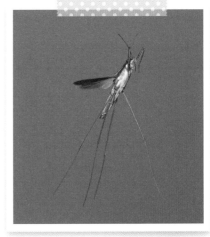

▶水黾飞行的时候

--- 在哪里能见到它？ ---

河流   池塘

在河流、池塘、湖泊等水域都能见到水黾。雨后的水洼中也能发现它们。冬天,水黾会在树阴处和落叶下度过。

水黾经常出没于周围有草丛的水域附近哦。

变成它！实验

水黾为什么能浮在水面上？

放大水黾足尖后的照片。

水黾的腿上生有很多附着着油脂的细毛。这种毛发防水，因此水黾能浮在水面上。水黾会用足尖感知水波。当猎物落在水面时，水黾会感觉到那种波动，前去捕猎。

变成水黾！

如果由我们扮成水黾浮在水面上，难度实在太大。
所以，试着做个水黾的模型吧。

←十厘米左右→

将三根金属线并排放置，从中间折弯。

  拧一拧。

折个脚。

脚上缠毛线，喷防水喷剂。

制作完成。

让它浮在盛了水的洗脸盆里。

让它浮在水上的时候，动作要轻柔一些哦！

所需材料	实验方法

· 细金属线
· 毛线
· 防水喷剂
· 洗脸盆

按照图示制作水黾，试着让它浮在水面上吧。

⚠ 防水喷剂一定要在室外使用。

15

7~8月

名称

寄居蟹

长腕寄居蟹

寄居蟹背着空空的螺壳，栖息在海边。

寄居蟹一年会换好几次螺壳哦。

食物

藻类、生物的尸骸等

有什么不可思议之处？

寄居蟹正在从右边的贝壳搬到左边的贝壳！

❶ 频繁搬家！

寄居蟹为了保护自己的腹部，会钻进螺贝的壳里。随着身体逐渐长大，它会不断搜寻大小正合适的贝壳，搬进去。

雄性

雌性

❷ 抓住心爱的雌蟹就不松手！

到了繁殖季节，雄性寄居蟹会用自己的蟹钳连壳抓起雌蟹，走到哪带到哪，在两三天的时间里形影不离。在这期间，雄蟹不管是吃饭还是跟其他雄蟹打架，都不会放开雌蟹。

-------- 在哪里能见到它？ --------

海边

在礁石上的水洼中找一找，会很容易发现它们。大多时候它们会钻进壳里藏起来。

去海边搜寻时，一定要跟大人一起行动哦！

16

寄居蟹如何选房子？

这是寄居蟹脱掉壳的样子！

寄居蟹会根据自己身体的大小，来更换它的贝壳房子。每次换房，它都会寻找刚好能装下自己柔软腹部的贝壳。有时，它还会把先住进去的其他寄居蟹赶走，将大小正合适的贝壳据为己有。

变成**寄居蟹**！

想象你自己变成了一只寄居蟹，什么样的房子（贝壳）最适合你呢？把它画出来吧。

要什么样的颜色和花纹？

要什么形状的贝壳？

入口是什么样子的？
房子的大小又如何？

⚠ 不要直接在书上涂色，请复印之后使用。

要求一

仔细检查，有漏洞的贝壳不能做新家。

要求二

用自己的蟹钳比一比，看贝壳与自己的身体大小是否相称。

要求三

为贝壳做清洁。用蟹钳抓起沙子，对贝壳里里外外上上下下进行清扫。

寄居蟹对住房的要求就是这三条。喵——

7~8 月

名称

海葵

侧花海葵

海葵是一种柔软的动物，触手在海水中摇曳。

海葵看起来就像花一样！

食物

小鱼、浮游生物等

有什么不可思议之处？

暴露在外的海葵，触手呈关闭状态。

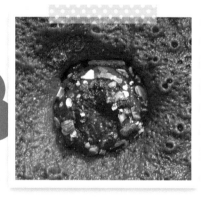

▶侧花海葵

① 会在体内蓄水！

有时，大海的水位降低，而平时栖息在水中的海葵也会随之暴露。这时，海葵会关闭它们摇摇摆摆的触手，把水储存在体内，保持湿润的状态。

② 海葵会移动！

海葵的身体下端生有吸盘似的器官，叫作"基盘"。海葵可以用基盘将自己吸附在礁石上。移动基盘，一小时可以行走几厘米的距离。有的海葵还会吸附在寄居蟹或螃蟹身上生活。

寄居蟹　　　　　海葵

- - - - 在哪里能见到它？

海边

大多数海葵都吸附在海里的礁石上。海面降低的时候，在礁石上的水洼中很容易找到它们。

去海边搜寻时，一定要跟大人一起行动哦！

变成它！实验

海葵如何捕猎？

等指海葵

抓到的鱼 ——
触手 ——

海葵正用触手抓着一条鱼！

海葵的触手时而张开时而闭合。海葵在抓取猎物的时候会动用它的触手。海葵的触手上长有极细的毒刺，它将毒刺刺进猎物的身体，使之动弹不得，然后就可以美餐一顿了。海葵的嘴被它的触手包围在正中央。

变成海葵！

制作海葵的触手，试着用它抓住"猎物"吧。

所需材料

· 图画纸
· 透明胶带
· 双面胶
· 气球

实验方法

❶用图画纸制作海葵的触手。
❷将吹起来的气球当成猎物鱼。
❸用"触手"抓住"猎物"吧。

触手

双面胶带

将图画纸卷起来做成筒

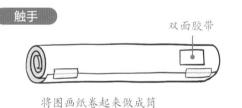

把双面胶当成海葵的毒刺。试试看能不能抓住"气球鱼"？

19

红海星

很多种类的海星长有五条腕。它们生活在礁石群中或海底。

海星也是一种动物！喵

食物

贝类、死鱼、浮游生物等

有什么不可思议之处？

❶ 可以改变身体的软硬度！

蓝蝙蝠海星

在进食或遇到攻击的时候，海星会让身体变硬。反之，当它要钻进礁石的缝隙或逃跑时，又会让身体变软。就算被翻过面去，它也会自己转回来。

海星的"脚"

❷ 会用特殊的"脚"行走！

海星的身体下面长有步带沟，沟里长着多条足。海星会用这些足慢悠悠地行走。

------ 在哪里能见到它？ ------

礁石群　　海底

虽然种类不同，但在各种海域里几乎都能看到海星，无论海水的温度高低和深浅。

海星会附着在礁石上哦！

海星 为什么能自由活动？

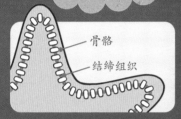

海星正紧紧地攀附在礁石上！

骨骼
结缔组织

海星很会利用它的五条腕，有时可以用来让自己牢牢攀附在礁石上，有时则用来捕获贝类并将贝壳打开。海星身上有很多非常细小的骨骼，骨骼与骨骼之间以结缔组织相连。

变成海星！

试着体验一下海星的五条腕有多么灵活吧。

哪一种能抓起更多的玻璃球呢？

所需材料	实验方法
·连指手套 ·五指分指手套 ·玻璃球	试一试，分别戴上不同的手套抓玻璃球，看看在一分钟的时间里各能抓住多少。

9～11月

名称

蟹

泽蟹

蟹栖息在池塘或河流中。

蟹很喜欢水质洁净的地方呢。

食物

蚯蚓、虾类、贝类、鱼的尸骸、落叶等

有什么不可思议之处？

❶ 雌蟹与雄蟹的蟹钳不一样！

雌蟹的两只钳大小相同，雄蟹的左右两钳则大小不一，有一只偏大。雄蟹之间互相打斗时，大大的蟹钳会派上用场。

雄蟹

雌蟹

❷ 用腹部保护蟹卵直至孵出幼蟹！

从春季到夏季，雌蟹会产出许许多多的卵。在大约一个月的时间里，雌蟹会一直把这些卵抱在腹部，保护它们。

- - - 在哪里能见到它？ - - -

池塘

河流

在水质清洁的池塘、湖泊和河流中都能见到蟹。有时，成年蟹也会待在离水稍有距离的陆地上。

蟹会待在石头的背阴处哦！

变成它！实验

蟹钳有什么用处？

除了用于捕捉猎物和与其他雄性同伴械斗，在为打造藏身之所挖沙子的时候，蟹钳也会派上用场。蟹钳很像能折弯和拧断铁丝的钳子。

能剪能切还能挖的灵巧蟹钳！

试试看

变成蟹！

蟹钳很适合切断东西。
变成蟹，来做个实验吧。

钳形剪刀很锋利，要注意安全哦！

所需材料	实验方法
· 钳形剪刀 · 普通剪刀 · 纸板	扮成蟹，分别用两种剪刀剪断纸板。比较一下两种剪刀一次各能剪几张。

⚠ 多张叠在一起剪的时候，注意不要割到手。

11～12月

野 鸭

绿头鸭

野鸭是一种候鸟，会南迁越冬。它们栖落在河流、池塘和湖泊中。

雄鸭的脑袋绿莹莹的，真漂亮！

食物

水草的叶、根、贝类等

有什么不可思议之处？

我国北方地区及俄罗斯等地

我国长江流域各省或更南的地区

❶ 来自北方！

很多野鸭夏季会生活在俄罗斯等地。当天气转冷，无法获取食物时，野鸭就会迁到比那里温暖的地方过冬。

❷ 雄鸭雌鸭一看便知！

雌鸭毛色发棕，很不起眼。雄鸭在夏天也披着一身朴素的棕色羽毛，但到了冬天，雄性的绿头鸭就会换上一头鲜艳的绿色羽毛。这是为了博取雌鸭的欢心。

雌鸭

雄鸭

在哪里能见到它？

湖泊·池塘　　河流

在湖泊以及池塘、河流中都能见到绿头鸭。

到了春天野鸭就会飞回原来的栖息地去哦。

变成它！实验

野鸭不怕池水冷吗？

野鸭能一直站在冰冷的水里。那是因为野鸭的体内有一套特殊系统，它可以调节血液的温度。所以，即使脚变冷，身体也依然可以保持温暖。

气定神闲地踩在结了冰的水里！

试试看 变成**野鸭**！

即使在冬天，野鸭也可以踩在冰凉的池水中。
你也来做个实验，像野鸭那样把脚踩在装了冰水的盆子里，感受一下吧。

所需材料

· 盆子
· 冰水
· 用来暖脚的热水

实验方法

把脚伸进冰水里，试一试到底有多凉。做过实验后，马上用热水暖暖脚吧。

我们是没有办法像野鸭那样，一直站在冷水中的！

⚠ 坚持不了时一定要出来，注意不要过于勉强。

12～1月

名称

天鹅

大天鹅

到了冬天，天鹅会从寒冷的地方飞到温暖的地方哦！

天鹅是一种候鸟。大部分天鹅全身都长满了洁白的羽毛。

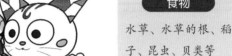
食物

水草、水草的根、稻子、昆虫、贝类等

有什么不可思议之处？

① 会在水面助跑起飞！

天鹅会踢踏着水面，一边奔跑一边拍动翅膀起飞。它们会用带脚蹼的大脚掌在水面疾驰。降落在水面的时候，也是从脚掌开始着水。

② 用修长的脖颈搜寻水里的水草！

天鹅的颈部约有25根颈骨，可以自由活动。在吃水底的水草根时，它们就会把脖颈伸得长长的去啄食。

—— 在哪里能见到它？

湖泊

水田

到了冬天，大天鹅会从北方飞到南方。它们会栖落在湖泊、池塘、河流等地过冬，到了春天再飞回北方。

天鹅为了寻找食物，有时也会待在水田里哦。

天鹅的羽毛为什么浸不湿？

正在认真打理羽毛的天鹅。

天鹅的羽毛上附着着油脂，所以不会被水打湿。天鹅会自己分泌油脂，并把它涂在羽毛上。天鹅的背部有分泌油脂的孔。天鹅会利用它的喙，把从孔中分泌出来的油脂仔细地涂抹到羽毛上。

变成**天鹅**！

用蜡笔代替天鹅的油脂涂在纸上，制成天鹅纸偶，试着让它浮在水上吧。

所需材料

·用纸做成的天鹅纸偶
·白色蜡笔

实验方法

天鹅纸偶做好之后，把涂满蜡笔的纸偶和什么都没涂的纸偶放在水面上，让它们浮起来。

蜡笔含有许多油脂，具有防水性能。

制作天鹅玩偶

什么都不涂。

另一只正反面都用白色蜡笔涂满。

实验

先浸一下水，然后让它们浮在水面上。

哪一只能在水上浮的时间更长呢？

27

生物图鉴

☆ 写出生物的名称。
不明白时查图鉴等资料。

☆ 画出生物的图。
分别从上方、下方、侧面进行观察。身体的形状，腿是怎样和身体连在一起的，这些内容都是在描述这种生物的特征哦。

☆ 日期、天气、发现的地点等因素，也能说明这种生物的生活习性。

☆ 有关它的外形、颜色和大小，用文字记录下来会更清楚明白。为了更加通俗易懂，可以用一些大家都熟知的东西来描述。

☆ 记录一下你发现和捕获这种生物时注意到的事情。

生物卡片

发现 ┃ 青鳉 ┃ ！

2 年级　3 班　18号	姓名　小陆

发现日期	天气	发现地
5 月 14日	晴	池塘

外形	颜色	大小
细长	银色	和我的小手指差不多大。

注意到的事·感想
很多青鳉聚集在一起游泳。仔细一看有很多鱼鳍。

本书的最后有空白的"生物卡片"哦。

28

做起来！

把你有关水边生物的各种发现记录在生物卡片上，做一套图鉴吧。

把各种水边生物的卡片集攒在一起，就能制作生物图鉴了。喵——

发现  泥鳅 ！

2年级	3班	7号	姓名 林林

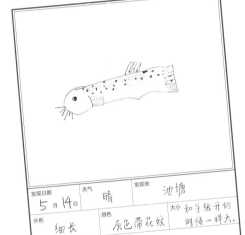

发现日期	天气	发现地
5月14日	晴	池塘

外形	颜色	大小
细长	灰色带花纹	大小和手张开的时候一样大。

注意到的事·感想
在池底扭来扭去。长了好多"胡须"，会动。

发现  蛙 ！

2年级	3班	35号	姓名 悠悠

发现日期	天气	发现地
6月21日	阴	农田

外形	颜色	大小
眼睛大大的。	绿色。带褐色的纹。	跟乒乓球差不多大。

注意到的事·感想
前脚有4根脚趾，后脚有5根脚趾。藏在草丛里。

发现 水黾 ！

2年级	3班	5号	姓名 小佳

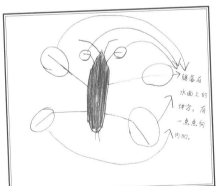

腿落在水面上的地方，有一点点向内凹。

发现日期	天气	发现地
6月21日	阴	池塘

外形	颜色	大小
细长	黑	比一元硬币大。

注意到的事·感想
水黾的腿特别长。像滑行一样在水上嗖嗖前进。

利用生物图鉴
分享你的发现吧！

利用生物卡片，把你发现的水边生物的特征，分享给大家吧。

生物卡牌游戏

制作一套卡牌吧！

把生物的特征或你的感想做成文字卡牌，把生物的手绘图做成图片卡牌。

制作卡牌时的小窍门

例

★文字牌中位于句首的字可以空出来。

文字牌

○鳉

成群游

不相撞

○呱呱

嗓门大

爱叫的青蛙

○星形状的

海星

真可爱呀

图片牌

青

呱

星

索　引

（按照拼音排序）

发现 ！

	姓名
年级　　　班　　　号	

发现日期
　　　月　　　日

天气

发现地

外形

颜色

大小

注意到的事·感想

这是 .... ?

这是 .... ?

这是 .... ?

这是 .... ?

日本**NHK**电视台
《完全变成它
喵酱的生物学园》

变成它！

栩栩如生的生物图鉴

日本NHK电视台《完全变成它 喵酱的生物学园》节目制作组 著

米 悄 译

4 植物

人民文学出版社

日本 NHK 电视台《完全变成它 喵酱的生物学园》节目制作组

我们正在制作一档环境教育节目，通过变成某种生物，让孩子们感受大自然的魅力与野外活动的乐趣。所谓"变成它"，就是身体力行地模仿生物，以做手工和做实验的方式再现生物的构造，体验生物的视角和行为。通过实地观察生物和"角色扮演"，逐步探明生物能力的秘密和生活形态。

"NHK NARIKIRI ! MUNYAN IKIMONO GAKUEN
NARIKIRI IKIMONO ZUKAN 4 SHOKUBUTSU"
by NHK「NARIKIRI ! MUNYAN IKIMONO
GAKUEN」SEISAKUHAN
Copyright © 2019 NHK
All Rights Reserved.
Original Japanese edition published by NHK
Publishing, Inc.
This Simplified Chinese Language Edition is
published by arrangement with NHK Publishing, Inc.
through East West Culture & Media Co., Ltd., Tokyo

图书在版编目（CIP）数据

变成它！栩栩如生的生物图鉴：1-4 / 日本 NHK 电视台《完全变成它 喵酱的生物学园》节目制作组著；米悄译. -- 北京：人民文学出版社，2024. -- ISBN 978-7-02-018732-4

I. Q-49

中国国家版本馆 CIP 数据核字第 2024PE9681 号

责任编辑　陈　旻
装帧设计　李思安
责任印制　苏文强

前　言

"为什么？ 为什么？ 为什么生物这么神奇？
如果我能变成它，一定快乐无比！
森林和海洋都是我们的舞台！
变啊，变啊，没有什么不可以！"

这是节目片头主题曲的歌词。希望你能哼着这首歌走进田野，在大自然中仔细观察各种生物。歌中更包含了我们的心愿：试着去"变成"那种生物吧，一定会很快乐的！

人在成年以后，往往容易变得墨守成规。但是小孩子却可以自由地展开想象的翅膀，真诚地共情动物和植物的感受。对孩子们来说，那是一种极为真实的体验。

"原来世上还有这样的生命啊。"
"它们也会高兴，也会伤心吗？"

如果你能采用该节目或本书中介绍的"变成它"的方法，站在生物的角度思考各种问题，我们将由衷地感到欣慰。如果班上的同学们能开动脑筋，共同想出属于你们自己的"变成它"的新点子，想必也乐趣无穷。

因为，这正是关心他人、体谅朋友的一种实践啊！

《完全变成它　喵酱的生物学园》
节目制片人　增田顺

目录

喵酱　生物学园

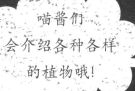

喵酱们会介绍各种各样的植物哦!

变成植物,了解更多知识吧!

学生会长·喵酱

哈拉帕诺老师

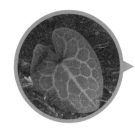

本书的使用方法

大自然中的万千生物，各有各的特征。

让我们动动手，通过实验和手工来认识生物的特征吧。

试着扮成某种生物，亲自体验，你会更好地了解它的特征。

介绍某种生物适宜观察的月份。

※ 并不是只有在这个月份才能看到它。

了解它的不可思议之处。

知晓它的生存环境。

搜寻生物时的约法三章

● 务必跟大人一同前往。

● 去野外时，要穿长袖衫和长裤，以防蜱螨蚊虫的叮咬，也避免受伤。

● 接触生物前后都要洗干净手，如有必要还需清理口鼻。

● 有些生物带有毒性，一定要先问过大人才能碰触。

介绍变成某种生物的
实验和手工制作的方法！

藤本植物的蔓梢缠得真紧啊！

它是怎么缠上去的呢？

这个时候，你就可以利用这本书，试着变成这种生物！

马上变成藤本植物！

藤本植物的拿手好戏就是缠绕！

实验和手工一个人就能完成，跟班里同学一起做也不错哟！

马上试着变身吧！

油菜

寒冬过后，油菜会在春天绽放出明黄色的花朵。种植油菜，可以用于提供食用蔬菜和榨油。

有什么不可思议之处？

❶ 吸引各种昆虫来做客！

蜜蜂和蝴蝶等各种各样的昆虫，都会到油菜田来吸食花蜜。访花的昆虫周身免不了会沾上花粉。当它们再将这些花粉带给其他花时，就完成了授粉，促进了种子的结成。

❷ 茎和种子都是食材！

油菜的茎、叶、花苞焯水之后可制成菜肴，种子还可以用来榨油。

- - - - 在哪里能见到它？

农田　　草地

油菜通常种植在农田里，而野生的油菜大多生长在荒地中。油菜是生命力顽强的植物，会不断地扩张它的势力范围。

路边也能见到哦！

变成它！实验

为什么油菜会吸引昆虫❓

人眼中的油菜　　　　昆虫眼中的油菜

左图是人眼中的油菜，右图是昆虫眼中的油菜。

对于人类来说，油菜看上去是黄色的。但昆虫所见到的却与人类不同。在油菜的花冠正中，有吸收紫外线的花纹。昆虫正是被这种人眼看不到的"紫外线色"吸引而来。

▲油菜的花冠看起来像眼球。它的正中吸收紫外线，外侧则反射紫外线。

试试看

变成**昆虫眼**！

画一朵油菜花，用荧光笔在反射紫外线的花冠外侧涂色。用黑光灯照射，以昆虫的视角看一看吧。

用荧光笔涂抹虚线外侧的区域。

⚠不要在书上直接涂色，请复印后使用。

黑光灯能够发出人类无法看见的紫外线。千万不要直视光源哦！

所需材料	实验方法
·图画纸　·颜料	❶画一朵油菜花，用荧光笔涂抹虚线外侧的区域。
·荧光笔	❷用黑光灯照射，确认看到的效果。
·黑光灯	

⚠本实验的结果与昆虫的眼睛所见的效果并不相同。

4～5月 | 杜鹃

锦绣杜鹃

杜鹃的植株高 2 至 5 米，会开出粉嘟嘟或红艳艳的花朵，色彩缤纷。杜鹃拥有很多不同的园艺品种。

花丛附近清香宜人。喵——

有什么不可思议之处？

昆虫将嘴巴伸进花心深处吸吮花蜜。

1 便于蝴蝶采集花蜜！

杜鹃的花冠呈喇叭形，花蜜藏在花心深处。蝴蝶和飞蛾之类的昆虫，嘴巴生得像一根长长的吸管，杜鹃的构造便于它们吸吮花蜜。而杜鹃在贡献花蜜的同时，也依靠昆虫搬运花粉，完成授粉作业。

2 园艺品种种类繁多！

为适应庭院栽培的需求，杜鹃发展出很多绚丽多彩的园艺品种，锦绣杜鹃正是其中的一种。

羊踯躅

在哪里能见到它？

公园

道路

在山区、城镇中的公园、道路以及宅院等地都能看到它们。杜鹃种类繁多，花色和花形各不相同，试着比较一下吧。

杜鹃喜欢阳光充足的环境哦。

⚠ 在杜鹃家族中，羊踯躅具有毒性。千万不要吸吮花蜜或食用。

杜鹃是如何吸引昆虫的？

其他品种的杜鹃也有类似的花纹哦。

在杜鹃位于上方的花瓣上，散布着一些颜色较深的斑点状花纹，叫作"蜜源标记"（nectar guide）。它指出花蜜所在的位置，是吸引昆虫前来的记号。花蜜就藏在蜜源标记的深处。

变成杜鹃！

随意画出杜鹃的蜜源标记。

在蜜源标记处长有记号，方便昆虫识别。

所需材料 ·图画纸 ·彩色铅笔

你觉得什么样的花纹可以吸引更多的昆虫呢？

⚠不要在书上直接涂色，请复印后使用。

4～5月 | 竹笋

竹笋

竹笋是竹子的"宝宝"。春天里，竹林中，它们一个接一个地钻出地面。

竹笋长大后就变成又高又直的竹子啦！

有什么不可思议之处？

有的竹子有时一天会蹿高1米左右呢！

1 生长速度惊人！

竹笋从地面一露头，只需40天左右就能成长为20多米高的竹子，是生长速度极快的植物。

竹子的花 →

2 数十年一开花！

大部分竹子数十年才开一次花，开花后，很多种类的竹子都会死亡。在大多数情况下，竹子不是通过种子而是通过地下蔓生的"地下茎"生长并繁殖起来的。

在哪里能见到它？

竹林   寺院

竹子生长在山中、公园和庭院里。竹子的"宝宝"——竹笋一年四季皆有。

煮熟的竹笋很好吃哦！

为什么竹笋长得那么快？

地下茎

这是竹笋的纵剖面。在地下，地下茎像网眼一般错综分布。

竹笋伸向地面以下的茎叫作"地下茎"。竹子可以利用这种根茎一次性汲取大量水分，所以长得飞快。有时一根竹子一天甚至能喝掉20升水。

试试看

变成竹笋！

把吸管当成竹子的地下茎，试试吸水喝吧。

❶　❷

哪种方式能一次性吸入更多水呢？

所需材料	实验方法
· 四根吸管	❶用一根吸管喝水。
· 盛有饮用水的杯子	❷用三根吸管喝水。

⚠请注意，一次性地大量饮水会感觉不适哦！

4～5月 | 藤本植物

多花紫藤

紫藤等缠绕类藤本植物是缠绕在其他树木的身上长大的。

紫藤的花期为4—5月，味道甜香甜香的。喵——

有什么不可思议之处？

藤一圈一圈地缠绕着！

① 借助外界的支撑长大！

藤本植物的茎干又细又长，撑不起自身的枝茎，单凭自己无法直立。因此，它们会缠绕、攀缘或依附着其他的树木等支撑物成长。因为自己的茎干不必长得那么结实，所以可以更有效地吸收营养。

② 尽情沐浴阳光！

有些藤本植物缠绕着其他的树木不断攀缘向上。到了高处便会舒展叶片，在充足的阳光下茁壮成长。然而，一些被缠绕的树木也会因此照不到阳光，渐渐枯萎下去。

缠绕在其他树木的身上。

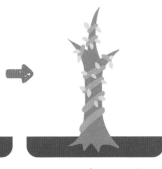

被缠住的树有时会枯萎。

在哪里能见到它？

公园

藤本植物除多花紫藤外，还有爬山虎、葛根等很多种类。

不同种类的藤本植物生长地区也不同哦！

藤本植物怎样缠上其他树木？

这是丝瓜的藤，是藤本植物的一种。

有些藤本植物寻找缠绕对象时，会伸出一种名为"卷须"的细藤蔓。卷须一旦碰触到目标，就会卷住对方，然后依附着对方的主干，缠绕着向上攀缘生长。

变成**藤本植物**！

变成藤本植物，试着伸出你的"藤蔓"吧。
把跳绳当成卷须，把单杠看成树木，看看你能不能"缠"上去。

所需材料

· 跳绳

实验方法

朝单杠甩出跳绳，试着让绳子缠在单杠上。

⚠ 注意不要让跳绳甩到周围的人。

围观的人要保持距离哦！

7~8月

蕨类植物

蕨类植物

蕨类植物通常生长在森林等阴暗潮湿的环境中。

蕨类植物的叶子好漂亮。喵——

有什么不可思议之处?

① 比恐龙出现得还要早!

蕨类植物是一种非常古老的植物,距今大约四亿年前就已经出现。早在恐龙诞生之前很久,蕨类植物就已经存在于地球上了。

▲蕨类植物的化石

孢子囊

② "弹射"孢子来繁殖!

蕨类植物不是靠种子而是靠孢子进行繁殖。孢子长在叶片背面的孢子囊里。孢子囊裂开一分两半,像弹簧一样将孢子"弹射"到远处。

在哪里能见到它?

森林

蕨类植物种类繁多,它们一般生活在森林等阳光稀疏的潮湿地方。

我们做成菜吃的紫萁、蕨也都属于蕨类植物哦。

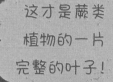

怎样才算蕨类植物的一片叶子？

这才是蕨类植物的一片完整的叶子！

蕨类植物看上去有很多小小的叶子，但实际上，这些小叶子全部加在一起才构成一枚完整的叶片。小叶子交错互生，以叶柄为中心左右等长。许多生物都会有规律地精准复制同样的形状。

变成蕨类植物！

蕨类植物左右两边排布着相同的小叶子。
有规律地画线条，绘制一幅蕨类植物的图画吧。

所需材料

·图画纸
·绿色的笔

实验方法

❶正中画一道竖线。
❷在左右分别用直线画出叶子。
❸重复用直线画出叶子。

⚠不要直接在书上涂色，请复印之后使用。

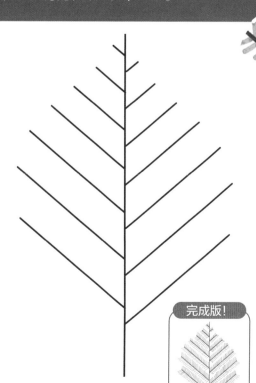

完成版！

只需重复画线就能画出蕨类植物啦！

15

7~9 月

名称

苔藓

群生的苔藓

在树身、岩石和地面等各种地方都能见到苔藓。

苔藓看上去就像绿色的地毯！

有什么不可思议之处？

◀◌中就是类似根一样的东西。

轻轻一掀就能掀起来！

① 没有根！

很多植物都是从根部获取水分和营养。但苔藓却没有真正的根。虽然有像根一样的东西（假根），但那主要是为了贴附在树木和岩石上。苔藓会用整个身体来吸水。

② 分雌雄！

苔藓有雄性生殖托和雌性生殖托。例如地钱，在下雨积水时，地钱的雄性生殖托释放出的精子会在水中游走，抵达雌性生殖托，进而形成繁殖后代的基本——孢子体，孢子体成熟后释放出孢子，孢子借着风吹和水流被搬运到其他地方散播开来。

雌

雄

地钱

在哪里能见到它？

森林

公园

在围墙、石壁、树干的表面就能发现它们。很多苔藓植物都生长在湿气较大的森林等林地里。

不同种类的苔藓生长在不同的地方哦。

为什么苔藓 有时湿漉漉，有时干巴巴？

在没有降雨，干燥缺水时，苔藓会蜷缩起来保护自己。这时的苔藓摸上去干巴巴的。一下雨，苔藓就会用全身吸饱水分，膨胀起来。这时的苔藓摸上去湿漉漉的。通过触摸时的感觉就可以知道苔藓处于干渴状态还是湿润状态。

湿润的时候

干燥的时候

苔藓干燥的时候会蜷缩哦！

变成**苔藓**！

把面巾纸拧成条，当成干燥的苔藓。
模拟下雨时的情景，用喷壶喷喷水吧。

所需材料

· 面巾纸
· 喷壶

实验方法

❶ 把面巾纸拧成条，当作干燥的苔藓。

❷ 用喷壶朝❶喷水，使它看起来像湿润的苔藓。

将面巾纸撕成细条

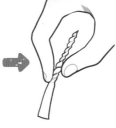
拧一拧

如果发现苔藓缺水了，在得到大人的许可之后，给它浇浇水吧！

9～10 月　棉花

棉花的果实

棉花在秋天会结出毛茸茸的果实。

棉花的花

棉花的花
也很美。
喵——

有什么
不可思议
之处？

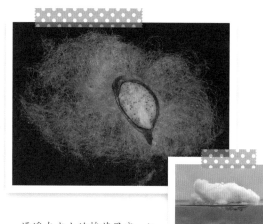

一颗果实中大概
装有25至35粒种
子哦。

漂浮在水上的棉花果实。▶

1 绒绒来自种子！

棉花果实里毛茸茸的白色纤维状的东西，是从棉花的种子上长出来的。绒绒上沾有油脂，所以种子能在大海和河流上漂浮，并抵达遥远的地域。

2 绒绒变成被子！

装在棉被里的棉絮，就是棉花果实的绒绒。棉被就是将很多棉花果实集中在一起，加工后制成的。棉质的服装也是用棉花果实的绒绒做成的。

在哪里能见到它？

农田

为了能采收和利用那些白色的绒绒，人们常在农田里栽种棉花这种作物。去探访一下种植棉花的农户吧。

跟大人一起
去探访哦

怎样用绒绒制成服装？

写有"100%棉"的服装，就是用棉花的绒绒做成的。将绒线一边拉长一边搓捻，就能捻出棉线。这种绒绒汇集着很多细得出奇的线，每一根线都是卷曲的。通过集中搓捻，变成结实的棉线。使用这种棉线可以织成布，制成服装。

> 绒绒汇集着很多极细的线！

试试看 变成**棉花**！

用纸条充当棉花的绒绒，通过实验来感受搓捻的线绳的坚固性。

所需材料

· 纸　· 夹子

实验方法

❶把纸剪成八个十厘米长的纸条。

❷一种是纸条与纸条部分交叠，每个交叠处各捻三次。

❸另一种是把纸条的交叠处各捻十次。

❹每一种都挂上夹子。

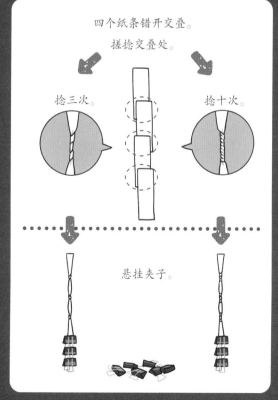

四个纸条错开交叠。

搓捻交叠处。

捻三次。　捻十次。

悬挂夹子。

> 哪一种悬挂的夹子多呢？

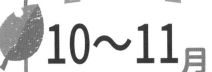

10~11月 树果·种子

各种各样的树果

树一开花，最后就会结出果实。果实里面装着种子。

有什么不可思议之处？

发芽的橡子▶

▲发芽的松果

1 不断繁衍后代！

种子落到地面以后，会发芽。胚芽吸收阳光，汲取土壤里的水分和营养逐渐成长，开花，再结出树果和种子。植物就这样不断地繁衍着子孙后代，生生不息。

◀酢浆草的果实能把种子"弹射"出好几米远。

露珠草的果实附着在动物的毛发上。▶

2 旅行到远方！

生了根的植物不能移动，但它们的果实和种子却可以到远方去。有的随风吹，顺水流；有的果实迸裂，弹出里面的种子；也有的附着在动物的毛发上被带走。

秋天的山野中能发现各种树果哦

------ 在哪里能见到它？ ------

森林　公园

树果和种子是生长在山野、公园、水边等地的各种植物结出来的。就在附近找一找，看看你身边都有什么样的树果和种子吧。

变成它！实验

种子是怎样远行的？

香蒲的种子会被风送到远方去哦。

带茸毛的种子靠风来运送。香蒲这种状似香肠的植物，果实里孕育着很多种子。种子完全成熟之后，就会迸裂，现出轻飘飘的茸毛，随风飘散到远方。

试试看 变成**种子**！

变成种子，做一些能飞得很远的茸毛吧。

所需材料

· 向日葵种子
· 棉花　　　· 纸条
· 透明胶带　· 电风扇

实验方法

❶分别用棉花和纸条等材料，做出任意形状的茸毛。
❷用透明胶带把向日葵的种子固定在❶上。
❸用电风扇吹。

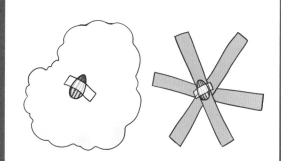

好像重量轻的、容易随风飘飞的形状能飞得更远！

▲向日葵种子

21

10~11月　银杏

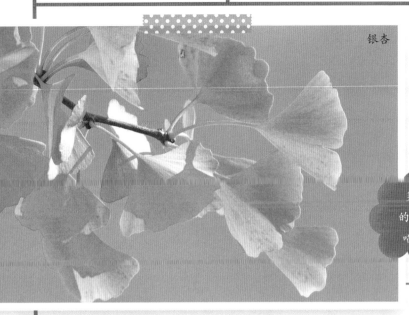

银杏

冬天临近时，银杏的叶子就变黄了。银杏叶的形状像扇子。

多漂亮的黄色！喵——

有什么不可思议之处？

❶ 会用太阳光制造养分！

银杏的叶子从春到夏都是绿色的。绿色的叶片会通过光合作用制造养分。叶子呈绿色，是因为其中含有"叶绿素"这种绿色色素。

❷ 秋天叶子会由绿变黄！

到了秋天，阳光变弱，温度降低，叶子也活跃不起来了。这时，叶绿素的合成受阻，叶黄素和胡萝卜素开始分泌，叶子的绿色消失，变成了黄色。

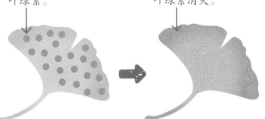

叶绿素。　→　叶绿素消失。

在哪里能见到它？

道路

银杏大多种植在庭园里，或在城市中沿大道栽种。

银杏树的果实叫白果。

变成它！实验

落叶有用吗？

变黄的银杏树叶最后会从树上掉落下来。落叶堆积在一起，蓬松暖和，变成了生活在地面上的昆虫们的藏身之所。瓢虫和鼠妇们就在落叶下面过冬。落叶也可以成为昆虫的食粮。

变成落叶！

模拟一个铺满落叶的场景吧。

用彩纸制作落叶和生活在落叶下面的生物，模拟落叶堆积的场景。调查一下落叶下面都有什么样的生物，让它们"钻"到落叶下面去吧。

所需材料

· 彩纸　· 彩色铅笔

实验方法

❶用彩纸做出大量的落叶。

❷生活在落叶下的各种生物也用彩纸做出来。

❸把做好的生物放到落叶下面。

❹请朋友们找一找你做的那些生物吧。

生活在落叶下面的生物

瓢虫、鼠妇、蚂蚁、蚯蚓、马陆等

也到真正的落叶下面去找找看吧！

11～1月 细辛

细辛

细辛是一种个头矮小的草，叶片呈心形。细辛的叶子全年都是绿色的。

心形的叶子真可爱呀！

有什么不可思议之处？

细辛

① 骗昆虫传花粉！

细辛的花长得很像蘑菇，也散发出一种独特的气味。据说，这是为了吸引一种名为"蘑菇蝇"的昆虫，让它们帮自己传播花粉。这种昆虫通常会在蘑菇上产卵。

搬运细辛种子的蚂蚁

蚂蚁吃的部分

种子

② 请蚂蚁运种子！

细辛的种子是蚂蚁的食物。蚂蚁会把细辛种子搬到自己的穴里。但是它们吃的只是种子的一部分，剩下的那部分会长出新芽。细辛通过这种方式来扩大自己的生长区域。

---- 在哪里能见到它？ ----

森林

细辛的种类很多，一般在山林中可见。

细辛生长在阴凉潮湿的地方哦。

怎样召唤昆虫？

> 这是蘑菇蝇哦。

细辛利用昆虫传粉。细辛会释放出昆虫喜欢的气味，以表明自己的位置。细辛的花会散发出蘑菇蝇喜欢的气味。被气味吸引来的蘑菇蝇，身体会沾上细辛的花粉，再把这些花粉带给别的细辛花，帮助授粉的完成。

变成**细辛**与**昆虫**！

摆出不同的食物，用各种食物的味道模拟细辛的花朵释放出来的气味。
变成蘑菇蝇，找到自己喜欢的味道吧。

所需材料

· 几张桌子
· 芝士　　· 腐乳
· 泡菜　　· 橘子

实验方法

将几张桌子隔开一定的距离，摆放在一个比较宽敞的空间里。把食物分别放在不同的桌上。
蒙上眼睛，站在几张桌子的正中，向你比较感兴趣的味道靠近。

芝士　　腐乳
泡菜　　橘子

⚠ 为保证蒙住眼睛的人的安全，旁边要有人陪同。

> 要离得多近才能闻到气味呢？

11~1月 冬芽·莲座状叶丛

绣球花的冬芽

看起来很坚固的样子。喵——

为了度过寒冷的冬天，植物会使出各种招数。

有什么不可思议之处？

① 冬天时用坚固的表皮保护幼芽！

樱花的冬芽

到了冬天，叶子掉光了的树上会长出小芽，这些小芽在来年春天会变成花或树叶。这种为了越冬而生长的特殊的树芽叫作"冬芽"。它们为了抵御严寒，顺利过冬，会用坚固的外皮包裹并保护着嫩芽。

② 舒展叶子等待春天！

有些植物到了冬天茎干会枯萎，但是叶子却能保留下来。叶片在接近地面的位置充分舒展，在阳光的照耀下，等待春天的到来。这被称为"莲座状叶丛"。

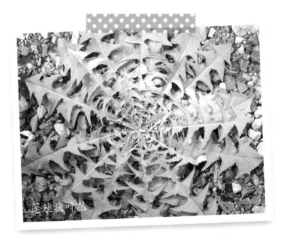

莲座状叶丛

在哪里能见到它？

公园　学校

冬芽可见于树枝的枝头。莲座状叶丛，可以在那种植物夏天生长的地方找找看。

在家附近也能见得到哦。

变成莲座状叶丛有什么优点？

有些植物在天气变得寒冷时往往会丧失为茎干提供营养的能力，所以会去除茎干长出莲座状叶丛。这样一来，就不需要制造太多的养分。此外，叶片在接近地面的地方水平舒展，可以吸收大量的阳光，并躲过干燥寒冷的冬风。

莲座状叶丛

蒲公英、车前草等植物都会长出莲座状叶丛哦。

 试试看

变成莲座状叶丛！

模拟莲座状叶丛，出去晒晒太阳吧。
跟站立着相比，感觉如何呢？

⚠ 不要直视太阳。

站着的时候，风吹来感觉好冷哦。

躺下来，风就不容易吹到咯。

晒着太阳，暖洋洋的好舒服。喵——

生物图鉴

⭐ 写出生物的名称。
不明白时查图鉴等资料。

⭐ 画出生物的图。
分别从上方、下方、侧面进行观察。花瓣和叶子的片数、生长方式等内容，都是在描述这种生物的特征哦。

⭐ 日期、天气、发现的地点等因素，也能说明这种生物的生活习性。

⭐ 有关它的外形、颜色和大小，用文字记录下来会更清楚明白。为了更加通俗易懂，可以用一些大家都熟知的东西来描述。

⭐ 记录一下你发现和采集这种植物时注意到的事情。

生物卡片

发现 [油菜] !

2 年级 4 班 2 号	姓名 小优

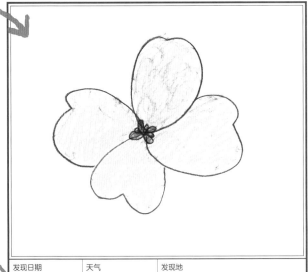

发现日期	天气	发现地
4 月 20 日	晴	农田

外形	颜色	大小
有四片接近四边形的花瓣。	黄色的花	高度差不多到我的屁股。

注意到的事·感想
开了很多小小的花儿。蝴蝶和野蜂在花周围飞来飞去。它们好像很喜欢油菜。

本书的最后有空白的"生物卡片"哦。

做起来！

把你有关植物的各种发现记录在生物卡片上，做一套图鉴吧。

把各种植物的卡片集攒在一起，就能制作生物图鉴了。喵——

发现 杜鹃 ！

2年级 4班 8号	姓名 美美

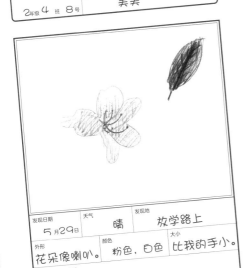

发现日期	天气	发现地
5月29日	晴	放学路上

外形	颜色	大小
花朵像喇叭。	粉色，白色	比我的手小。

注意到的事·感想
朝上的花瓣上带斑点。
有五片花瓣。

发现 丝瓜 ！

2年级 4班 9号	姓名 小爱

发现日期	天气	发现地
4月20日	晴	农田

外形 叶子的尖端是锯齿形。	颜色 绿色	大小 高度10厘米左右

注意到的事·感想
我见到了四年级学长种的丝瓜。
上方的细藤蔓弯弯曲曲的。

发现 银杏 ！

2年级 4班 34号	姓名 小山

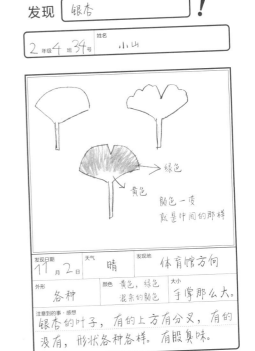

绿色
黄色
颜色一变
就是中间的那样

发现日期	天气	发现地
11月2日	晴	体育馆方向

外形 各种	颜色 黄色，绿色混杂的颜色	大小 手掌那么大

注意到的事·感想
银杏的叶子，有的上方有分叉，有的没有，形状各种各样。有股臭味。

利用生物图鉴
分享你的发现吧！

利用生物卡片，与大家分享你找到的生物的特征吧。

生物地图

把发现生物的地点画成地图，
告诉大家你是在哪里找到它们的。

例
有技巧地制作地图
★为使大家一目了然，地点的名称也用文字注明。

★把写好的生物卡片折叠起来装进袋子里，便于随时查看是什么样的生物。

制作整体地图
明确标示发现生物的地点。

把写好的生物卡片装进袋子
把生物卡片折叠起来装进袋子，方便随时取出查看。用透明胶带把袋子贴在地图上。

索 引

（按照拼音排序）

发现 [　　　　　　　　　　　] **!**

	姓名
年级　　班　　号	

発现日期　　　月　　　日 ｜ 天气 ｜ 发现地

外形	颜色	大小

注意到的事・感想

这是 ....?

这是 ....?

这是 ....?

这是 ....

这是 ....

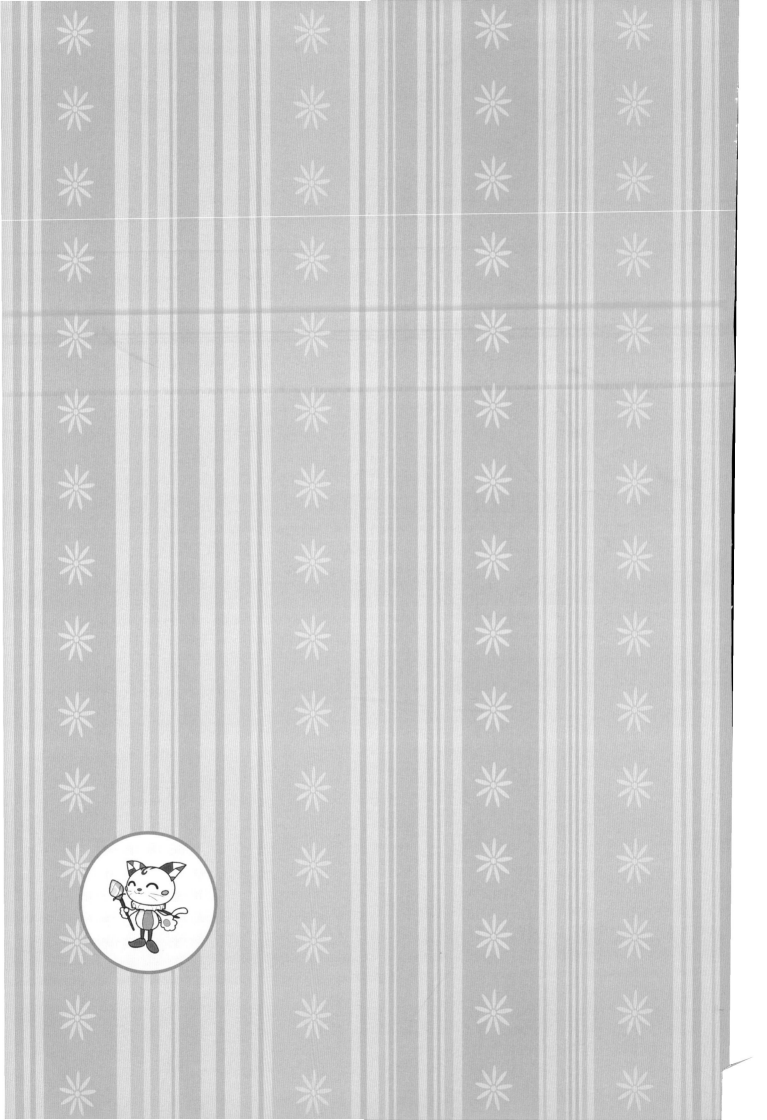